富士山学への招待

NPOが富士山と地域を救う

渡辺豊博

春風社

釣り針を飲み込んで死んだハクチョウ
（レントゲン写真）

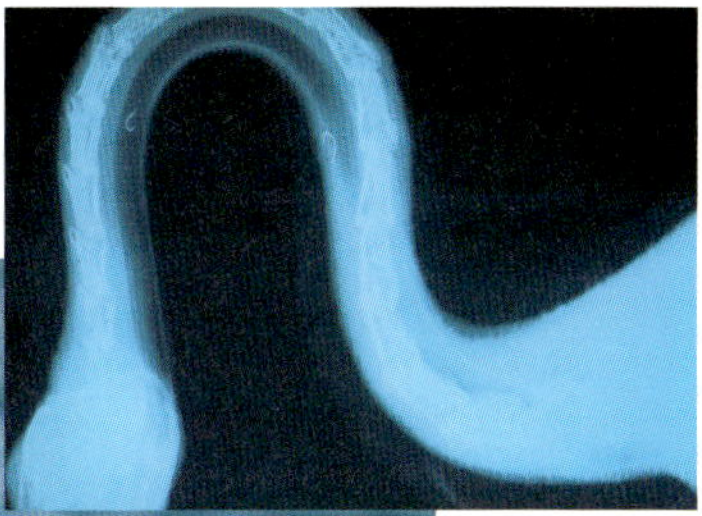

ゴミ袋を食べようとしているハクチョウ

富士山を切り裂く富士スバルライン

山麓に点在するゴルフ場

登山道を荒らすマウンテンバイク

コウモリに影響を与えるスキー場の照明

山小屋から搬出されたゴミの山

子どもたちが驚くゴミの山

登山客でにぎわう五合目

富士山麓に放置された産業廃棄物

水位低下であらわれた山中湖岸のゴミ

写真提供：中川雄三氏

満水状態の三島市楽寿園小浜池

枯渇した現在の三島市楽寿園小浜池

左：整備前・ゴミだらけの源兵衛川（1983 年頃）
下：整備後・水辺が再生した源兵衛川

ホタルが乱舞する源兵衛川

住民参加の学校ビオトープづくり（長伏小学校）

ふるさとの森を再生（松毛川河畔林の植林）

絶滅したミシマバイカモを復活（三島梅花藻の里）

写真提供：グラウンドワーク三島

まえがき

私は、「趣味は事務局長」と言ってはばからない人間であり、現在、九つの市民団体の事務局長を務めています。故郷は富士山の裾野《すその》・静岡県三島市。古くから「水の都」と呼ばれ、素晴らしい水辺自然空間を持つ、情緒あふれるしっとりとした街です。

しかし、一九六一年以降、上流地域での産業活動の活発化により、地下水が汲み上げられ、私が子どもの頃の遊び場や自然との触れ合いの場であった川や湿地から、湧水が消え、ゴミが捨てられ、環境悪化が進行していきました。

このようななか、水にこだわりと思い入れの強い仲間が集まり、一九九一年九月に「三島ゆうすい会」を設立して、水を守り、育てるための市民活動を開始しました。この時から、感覚的・戦略的に考えていたのは、三島に湧水を供給している「母なる山」富士山の環境保全・改善なくしては、三島の環境再生は成就できないということです。この信念のもと、着実な活動を積み上げてきました。

一九九二年九月には、一つの市民団体だけの努力では運動に限界があるとの認識から、市民・NPO・行政・企業が連携・協働した「グラウンドワーク・トラスト運動」を日本で最初に英国より導入し、「グラウンドワーク三島」（現在NPO法人）を立ち上げました。ゴミ捨て場と化した源兵衛川《げんべえがわ》をホタルが乱舞する美しい川へ再生したり、絶滅した水中花・三島梅花藻《ばいかも》の復活、歴史的井戸や水神さんの整備など、三島市内四〇ヵ所において具体的で実践的な市民活動を展開してきました。

一九九八年一一月には、このグラウンドワーク活動で学んだ、市民・NPO・行政・企業の一体化・融合の手法や戦略、各団体・組織の仲介役NPOとしての専門性など、まちづくり、市民運動に関するNPOマネジメントのノウハウをより広域的・全国的に活かすべく「富士山クラブ」を設立しました。

富士山クラブは、NPO活動のさらなる高みを追求する「戦場」、NPOが発展・成長していくための新たな仕組みづくりの開発と実践の場にしたいと意気込み、さまざまな活動に取り組みました。安定的な資金確保、人材養成、専門性の蓄積、会計・税務・労務のシステムづくり、リスクマネジメントの確立、会員拡大の手法、行政・企業へのアプローチとマッチングなど、全国のNPOが共通に抱える課題を解決するためのサクセスストーリーや処方箋《しょほうせん》、特効薬の提案を進めました。

富士山の環境は、思いつきや一時の感情・提言・意見などで改善されるものではありえません。長期的視点に立った戦略的な環境保全の手法、具体的で実践的な現場重視の活動経験の蓄積、さらにはさまざまな団体とのネットワーク、そして創意工夫にあふれた市民力と時間の蓄積があってこそ、信頼が生まれ、足腰の強い、説得力に満ちたＮＰＯ活動が展開されるのだと思います。

地域密着型と広域的な活動の双方を経験した「事務局長馬鹿」の私は、今までに培った多様多彩なノウハウを駆使して、ユニークな市民内発型のＮＰＯパワーによる富士山再生活動を推進してきました。

本書『富士山学への招待』によって、ＮＰＯの潜在的パワーと創造性、革新性についてお伝えできればと考えております。

目次

1 富士山の「光と影」

一　魅力

富士山は万葉の昔から「不二山」、「不尽山」と書かれ、日本人の憧れの的であり、「信仰のざんげ山」として崇拝されてきました。また、日本人の自然に対する心や考え方を表現する「象徴的な山」であり、精神的な基盤を形成する「癒しの山」でもありました。

日本人は、まさに富士山と精神的・宗教的に一体化していたのではないでしょうか。「懺悔懺《ざんげざん》悔《げ》、六根清浄《ろっこんしょうじょう》」と唱えながら、一合目から徒歩で登山することで、苦しさのなかで自分自身の本性を見つめ直し、六根（眼・耳・鼻・舌・身・意）を清め、新たな生き方を考えたのです。富士山の類まれな美しい姿が、山への畏敬の念を育み、無意識のうちに山に対して合掌するしぐさを導いてきたのです。富士山は、「日本人の心と考え方を正確に映し出す鏡」でした。先人は自然を大切にし、自然と共生して生きていく心得と感覚を自然に会得していたのです。奢《おご》り高ぶらず自然のリズムと輪廻を感じとり、それが潜在意識となっていました。富士山は、そういう意味で、「日本人のすべてを映し出す純真なる神髄・心のふるさと」だったのです。

いにしえより富士山は文学のなかで称賛されてきました。代表的な作品として古典文学では「万葉集」、「古今集」、「新古今集」、平安・鎌倉文学では「竹取物語」、「伊勢物語」、「更級日記」、「平家物語」、江戸の俳諧では松尾芭蕉、与謝蕪村、小林一茶などの句に残されています。近代以降も数多くの作家の題材として取り上げられています。また、絵画にも数多く登場しています。浮世絵で知られる葛飾北斎の「富嶽三十六景」や「富嶽百景」をはじめとして、安藤広重、池大雅、俵屋宗達、尾形光琳、横山大観など、富士山を題材とした作品は枚挙に暇《いとま》がありません。

二　なりたちと噴火の歴史

ところで皆さんは、富士山が「活火山」であることを知っていますか。実はいま、静かに眠っているふりをしているに過ぎず、近々にも噴火する可能性があるかもしれないのです。

噴火を伝える最古の記録は、奈良時代の『続《しょく》日本紀』七八一年（天応元）七月六日の記事にあります。平安時代には、八〇〇年「延暦噴火」、八六四年「貞観噴火」、一〇八三年「永保噴火」と三回にわたって、大きな噴火をくりかえしてきました。人々は、噴火を荒ぶる火の神（アサマノカミ）の成せるわざとみて祭るようになりましたが、それでも噴火はおさまらず、時の中央政府は、噴火が起こるたびに浅間大神の神位神格を高めていきました。

その後六二〇年の間に、七回程度の小規模な噴火が確認され、一七〇七年の「宝永大噴火」を迎えたのです。それ以来、三〇〇年近くの沈黙が続いていますが、そろそろ噴出する可能性を予感させる予兆現象も起きはじめています。二〇〇〇年の後半から、富士山北東部の地下一〇〜二〇キロメートルで、マグマ活動と関連があるといわれる「低周波地震」が頻発しています。これを機に「眠れる山」から「生きている山」であることが、広く国民に再認識されたのです。

富士山の年齢は約一〇万歳です。大きな火山の寿命は五〇〜一〇〇万年とされ、富士山は非常に若い火山であるといえます。形状は、円錐型成層火山であり、世界的に見ても有数の高山です。富士山の美しい円錐型の形状は、過去の度重なる噴火により形成されたものなのです。

三　山岳信仰

富士山信仰は自然に対する畏敬、崇拝の念から始まったものです。縄文時代に山麓に住んだ人々は富士山を崇拝し祭祀《さいし》を行っていました。その後、火山活動が活発化した奈良時代から平安時代にかけて浅間《せんげん》信仰が生まれました。鎌倉時代には山岳修験者や庶民の富士信仰が結びついて、入山（登山）修行を行う「登拝の山」へと性格が変化しました。やがて室町時代になると富士信仰はさらに盛んとなり、江戸時代には富士山に登ることを最上の目標とする「富士講」が隆盛《りゅうせい》したのです。

富士講は、この世と人間の生みの親は「もとの父・母」、すなわち富士山が根本神であるという考えのもと、長谷川角行が開祖しました。組織的に富士山参拝を行う富士講は、江戸中期になるとますます活性化して信者が増え、江戸末期には「江戸八百八講」といわれるほど数多くの分立を生んだのです。

浅間信仰は富士山を御神体として、霊峰・富士を遥拝《ようはい》する信仰から生まれたものです。現在、その数は全国に一三〇〇社以上あるといわれ、他社との合併で社号が変わったものを含めると一九〇〇社に近い数になるともいわれています。その多くは東海道、東山道に分布し、このなかでも静岡県、山梨県に多くなっています。その他、東京、埼玉、千葉などにも数多く分布しています。これは、浅間信仰と修験道や長谷川角行の富士講などと結びつき、関東を中心に全国的に発展したことによると考えられています。

四　動植物と森林荒廃

富士山には、哺乳類では天然記念物のニホンカモシカやヤマネをはじめ、約四〇種類が生息しています。鳥類は一〇〇種類以上が繁殖しているとされ、季節により移動する鳥を含めると約一八〇種類が確認されています。昆虫類は、二〇〇一年から二年間にわたって行われた環境省委託調査によると一五〇〇種以上が確認されています。

植物の分布については、ふもとから山頂まで大きく気象条件が異なるため、標高二五〇〇メートル以上の高山帯から七〇〇メートル以下の丘陵帯まで垂直に分布しています。温暖な気候で育つ広葉樹林、寒い気候で育つ針葉樹林、高山植物など多様な分布が見られます。種類は植物・シダ類を合わせて約一二〇〇種あり、貴重種とされるものも多く含まれています。

しかし、富士山が「観光の山」に変容するとともに、森林や生態系に対する影響が危惧されるようになりました。大きな原因は、東京オリンピックが開催された一九六四年に、山梨県側の富士山五合目まで車で行くことができる「富士スバルライン」が建設されたことでしょう。建設にあたり道路の造りやすさが優先されたことから、貴重な原生林が伐採され、道路周辺の山肌に大きな傷を残しました。当時、多くの環境保護団体が建設について異議を唱え、自然環境に負荷をかけない道路建設の方法を提案したにもかかわらず、道路造りを優先し行政主導の事業を強行したことによって、多くの禍根《かこん》を残す結果になってしまったのです。建設後には、環境保護団体の指摘したとおり周辺の木々の立枯れが進行し、土砂災害の頻繁な発生、生態系への悪影響など、富士山の環境に与えるダメージは甚大なものとなりました。

さらに、一九七三年には、静岡県側の五合目にも「富士スカイライン」が建設されたことによって、山梨・静岡の両県で年間約二四〇万人もの観光客が車で五合目を訪れ、そのうち、約二五万人が富士山頂をめざして登山する「身近な山」に変容してしまいました。

五　ゴミ・し尿問題

富士山南麓地域、富士山新五合目、富士五湖地域、富士山五合目を合計した全体の入込《いりこみ》客数は毎年三〇〇〇万人前後で推移しています。これだけ多くの人々が、観光目的で、富士山周辺を訪れることになったために、オーバーユース（過剰利用）状態となり、さまざまな環境問題を誘発する原因・要因が発生し、富士山は満身創痍《まんしんそうい》の「傷だらけの山」になってしまいました。「傷」とは、ゴミの放置、し尿の垂れ流し、産業廃棄物の投棄、放置森林の拡大、オフロード車の進入、ゴルフ場の乱立、乱開発の進行、湧水の汚染と減少、酸性雨と立枯れの拡大、動植物の減少、溶岩洞窟の破壊など「環境破壊のデパート」、「日本の環境問題が凝縮する負の展示場」といえるほど多種多様であり、出口の見えない厳しい現実が横たわっています。

こうした環境悪化の進行を懸念して、さまざまな指摘や取り組みが展開されてきましたが、「富士山黒書」は一九七三年、「富士山の自然を守る全国大会」において発表されました。このなかでは、富士山周辺の環境破壊を見事に予見しており、たとえば、河口湖の汚染、青木ヶ原や十里木の別荘の乱立、演習場やゴルフ場、富士スピードウェイ、双子山のリフトの影響などについての問題が列記されていました。

さらに、「富士山黒書」発行の二一年後、富士山の環境破壊の現状をレポートした『富士は生きている』が、静岡新聞社から発行されました。このなかでは、自然破壊の問題がさらに多様化・深刻化した事実を伝えており、「このままでは富士山は死んでしまう」との認識のもとでキャンペーンが展開されました。

その後、環境の再生に三〇年以上の歳月と多くの税金が投入された事実を考えると、富士山の環境保護には行政だけの施策・対応では不十分であり、地域住民・市民・NPO・企業など多くの利害関係者とのパートナーシップによる「知恵と行動のネットワーク」と「現場情報と専門性に裏づけされた情報の総合的な判断」が必要であることがわかってきました。

現在、登山道沿いは登山者のマナー向上により、あまりゴミが見られない状態になっています。また、富士山一斉清掃やボランティア・山岳団体・山小屋関係者などによる清掃活動の実施、環境省による山頂周辺の美化清掃活動など多方面からのアプローチが功を奏しており、毎年八万～九万トンのゴミが収集されています。

六　産業廃棄物

富士山の裾野には主要道路のほか多くの林道や一般道が整備され、林内に容易に入ることができます。そのために、家庭用電化製品やタイヤなどの産業廃棄物の不法投棄が絶えない状況になっています。地元自治体や警察によるパトロール、不法投棄防止柵の設置など、さまざまな取り組みが行われていますが、近年、不法投棄の形態も悪質化してきており、周辺の環境悪化の進行が懸念されています。

また現在、環境市民団体や地域住民、各種の関係団体によって、山梨県の青木ヶ原樹海や静岡県の国有林内において活発な清掃活動が実施されています。収集する産業廃棄物の種類は、一般の生活ゴミを含めて、電気製品や鉄屑《くず》類、ペットボトルやアルミ缶、ガラス類やタイル・瓦・木材などの建築廃材、膨大な量の大小のタイヤ類や使用済みの廃オイル、自動車や自転車・オートバイなど、社会にある製品類のほとんどが捨てられているといえます。

悪質な事例としては、ペンキ類や化学薬品なども、道路上や斜面、谷部に廃棄・放置されています。毎年、多くのボランティアの皆さんに協力していただき、これらの産業廃棄物を取り除いていますが、現実的には焼け石に水の状況です。きれいにすると、また、そこに違うゴミが捨てられ、以前よりも汚くなってしまいます。私も、何年も前から清掃活動を実施してきましたが、ゴミの回収量は毎年減少せず、同じことの繰り返しで、虚しさを感じることがあり、市民団体による努力には限界があると感じています。

これは単純に、ゴミの回収を市民団体が主導して繰り返していても、抜本的な解決策にはならないことを示しています。法律の整備強化や総合的な取り組みなど、多様で包括的なアプローチが必要とされています。たとえば、現在の産業廃棄物処理法では、ゴミが捨てられている自治体の責任と経費によって処理をしなくてはなりません。しかし、現実的には、富士山に不法投棄されている産業廃棄物のほとんどは、県外から搬入されたものであり、その処理責任を一つの自治体に一方的に帰しても、財政難のおり、現実的な解決策とはいえません。

いま、盛んに世界文化遺産登録の作業が進められている富士山の足元において、日本国内からの産業廃棄物が闇から闇へと不法投棄され、その根本的な解決方策も見出せないのが、日本の行政や政治の現実の姿です。これでは、富士山は、とても世界文化遺産として登録される資格はないのではないかと思います。今後、国主導による包括的な「富士山環境保全法」などの法律的な整備や登録制度の強化、衛星を使った産業廃棄物移動監視システムの導入など、多くの関係者による英知の結集と効率的な対策が求められています。

七　入山料・環境税

富士山では、環境保護・保全の費用捻出について、新たな利用者負担の検討が進められており、具体的には、登山者からとマイカー利用者からの二つの徴収方法が考えられています。

一つは、環境省による、登山者からの「入山料」の徴収です。現在、富士山には、山梨県側の富士吉田口登山道、静岡県側の須走口登山道、御殿場口登山道、富士宮口登山道の四ルートがあります。この四登山道の入山口に徴収窓口を設けて、登山者が「チケットを購入」する方法により、すべての登山者から入山料を徴収するのです。管理運営は、地元協議会や環境市民団体などが想定され、料金は一律にせず、標高が高くなるにつれて、数百円の幅で高くする方法がありまs。環境省では、富士山に限定した新税の導入は難しいとの判断をしていますが、海外の国立公園の事例から鑑みても、受益者負担の観点から入山料システムを導入することは常識的なことであり、今後、富士山を日本の国立公園のモデルケースとして位置づけ、山小屋や浅間大社、自治体などとの協議を進め、実証実験に着手すべきです。

もう一つは、静岡県や山梨県による、マイカー利用者を対象とした法定外目的税による「環境税」の徴収です。徴収方法は、富士スカイラインや富士スバルラインの通行車両からの徴収や、マイカーを規制した上でシャトルバスやタクシーから徴収する「乗鞍《のりくら》方式」が考えられます。すでに、一定の自然区域に環境税を導入している地区としては、二〇〇四年度に実施された岐阜県・乗鞍地域があり、それが「乗鞍方式」と呼ばれています。この環境税の導入により、たとえば、静岡県側では年間約一億円の収入が見込まれています。使途としては、植生復元、環境影響調査、公衆トイレの維持管理費、インストラクターの養成、ビジターセンターの管理運営、登山道の補修工事など、富士山の環境保全や安全対策に資する多様な事業に活用できます。

しかし、山梨県は環境税には慎重な姿勢を見せ、「富士スバルライン」の収入の一部を環境保全に充当する方向で検討しています。また、岐阜県が検討している「乗鞍環境保全税」は、総務省がその導入を認め、北アルプス乗鞍スカイラインを通るバスやタクシーに税を課しています。税額は一般のタクシーが三〇〇円で、バスは定員数に応じて一五〇〇円、二〇〇〇円、三〇〇〇円の三段階に設定し、年間約三〇〇〇万円の税収を得ています。

今後の持続可能な富士山の環境保全を考えていくためには、この入山料の徴収はもちろんのこと、入山規制を含めた「総量規制」の検討も必要とされています。財政難の時代、新たな資金源の確保を考え、環境に何らかの悪影響を与えている、観光客や登山者に、責任分担の一環として料金を請求することは、世界の国立公園の事例からも当然のあり方です。

八　富士山は「水の山」

皆さんは、富士山に一年間でどのくらいの降雨量があるのかご存じですか。実は、年間降雨量は、三〇〇〇ミリメートルにもなります。日本の平均降雨量が、一五〇〇ミリメートルですから、二倍近くになり、表現を変えると水を供給する巨大なジャングルを抱えているといえます。当然、冬場に積もる降雪も、降雨量としてカウントされており、雪解けの水はゆっくりと地下に浸透し、雨が少ない冬場を含めて、年間を通しての安定的な地下水の供給システムを作り上げています。年間の総地下水量は、二五億トン、日量四五〇万トンもの水が地下水として、富士山周辺の約二〇〇ヵ所近くの場所において湧水を噴出しています。

湧水池として代表的な場所としては、富士宮市の白糸の滝、富士浅間大社内の湧玉池、一日に一〇〇万トンもの湧水を噴出する柿田川、三島市の楽寿園《らくじゅえん》・小浜池などをはじめとして山梨県内を含め、多数存在しています。当然、富士山周辺に居住する八〇万人近くの人々への飲料水の供給源でもあり、干天に影響されない安定した生活を過ごせるのも、この富士山の地下水の恩恵にあずかっているからです。

また、井戸の掘削により、工業用水としての活用もなされ、製紙や繊維、精密機械、飲料メーカーなど、地下水利用型の多種多様な企業が進出して、活発な経済活動を支えています。まさに、富士山は、人々の生活と生命を支える「水の山」、「恵みの山」なのです。

ところで、この富士山の地下水は、一体、どの位の時間をかけて、上流域から下流域に流れ下ってきているのでしょうか。実は、二〇年から三〇年近くの歳月をかけてゆっくりと溶岩の亀裂や隙間を流れてくるとの説が、地下水の「長期流動説」です。また、上流域の降雨と下流域の地下水位との相関関係を分析した結果、双方のピークが七〇日から九〇日程度ずれて、見事に重なり整合性があると判断している説が「短期流動説」です。下流域の「水の都・三島」で子どもの頃育った私としては、七〇日から九〇日位の間において、上流から地下川として流れ下っている短期流動説が現場感覚として整合性が高いと考えています。

とにかく、富士山周辺では、上流と下流の地下水をめぐる「南北問題」を発生させずに、上流も下流も運命共同体であるとして、共有性や一体性を求めてきました。かつて、富士市においては、多くの製紙会社が、勝手に地下水の過剰汲み上げを行い、その結果、ほとんどの井戸に塩水化問題が発生して、いまでは井戸はまったく使用できなくなってしまいました。自分たちの利益を優先した収奪的な節度なき地下水の汲み上げは、結果的には、富士山を疲弊させて、安定的な生活圏に多大な問題を誘発します。富士山周辺の企業や市民、行政には、節度と適切な対応が求められています。

2 バイオトイレ奮闘記

一　富士山クラブ設立の経緯

一九九一年に、静岡県三島市のきれいな水にこだわりの思いが強い仲間が集まり、「三島ゆうすい会」を設立して、水を守り、育てるための市民活動を開始しました。このときから、最終的には、水を供給している富士山の環境保全・改善なくしては、三島の再生は成就できないとの信念のもと、多様な活動を展開してきました。

また、一九九二年には、市民・NPO・行政・企業が連携・協働する、「グラウンドワーク・トラスト運動」を日本で最初に英国から導入して、「グラウンドワーク三島（現在NPO法人）」を立ち上げました。

さらに、一九九八年には、国民力と市民力を結集した、富士山に関わる新たな自然保護活動を展開するためにＮＰＯ法人「富士山クラブ」を発足させました。富士山を汚しているのは、国民一人一人であるとの認識のもと、富士山で起こっている環境問題の現実と実態を、広く国内外に情報発信することによって、日本人の環境保全への問題意識の醸成《じょうせい》と解決への行動を誘導していくことを目的にしています。行政では財政や組織上の制約により対応することができない創造的で先駆的な環境施策を進めることが、「活動の理念・志・目標・目的」です。

市民のアイデアと行動力を縦横に駆使することにより、富士山の自然保護施策として「何ができるのか、何をしなくてはならないのか、何が足りないのか」など、内在する環境問題を総合的に整理・分析し、独自の解決方策を立案・具現化していくのが、富士山クラブの役割です。行政への依存や補助なしでも、市民力・国民力の結集によって富士山の環境問題は解決できることを実証することをめざしています。

いままでの対立型や依存型の活動手法やアプローチでは、複雑化するさまざまな環境問題には対処できないことを認識すべきです。何を実施して、どのような成果と効果があったのか、それが本当に地域住民に喜ばれているのか、課題はないのかなどを徹底的に分析し、問題の全容を鮮明に洗い出す必要があります。今後、ＮＰＯとの「協働のプロセス」によって、既存の施策を大胆に改善・改革する新たな「協働のシステムづくり」が欠かせません。

縦割り行政の無策、企業や市民の無関心、ＮＰＯの活動基盤の脆弱性など、「負の相乗効果」によって、富士山の山体には、現在、複雑多岐にわたる環境問題が交錯・蓄積しています。富士山に凝縮された環境問題に、市民組織として果敢に取り組み、地道に解決していく、富士山クラブの役割と存在意義は大きいものがあります。

二　山小屋のトイレ事情

皆さんは、富士山を訪れる登山客のし尿が、どのように処理されているか知っていますか。富士山の五合目以上には、静岡県と山梨県を含めて約四二ヵ所の山小屋があり、避難や宿泊施設として重要な役割を果たしています。

しかし、いまから一〇年前まで、山小屋の便所のほとんどは、床に穴が空いているだけの汲取り形式となっており、し尿処理は、八月下旬に山小屋を閉じるときに、斜面上に放出・垂れ流しているだけでした。何十年間にわたり、この行為が繰り返されたことによって、いまでは多くのトイレットペーパーが山肌にへばりつき、「白い川」と呼ばれる垂れ流しの跡が何キロメートルにもわたり帯状につながって悪臭を放っています。近年、五合目以上のゴミ投棄の問題は登山客のモラルの向上や山小屋、行政、市民ボランティアなどの努力によって投棄量が減少して、解決の方向に向かっています。しかし、し尿処理は、技術的・経済的・法律的な課題が山積みとなっており、解決への糸口が見つからない閉塞《へいそく》状態に陥っていました。

そこで富士山クラブでは、解決への道筋が見えない富士山のし尿問題を改善すべく、二〇〇〇年七月に「富士山トイレ浄化プロジェクト」を立ち上げ、静岡県須走口と山梨県富士吉田口の五合目に、杉チップを使用した「環境バイオトイレ」を行政に先んじて最初に設置しました。この装置は、一般の家庭で使用している水洗便所と同様の形式であり、杉がもつ消臭作用と微生物の繁殖を誘発する培養作用によって、し尿を炭酸ガスと水に分解してしまう、無臭・無汚泥《おでい》の「自己完結型循環式トイレ」です。

二〇〇一年は、前年の成果を踏まえ、日本で初めて富士山頂浅間大社奥宮付近に杉チップタイプ一基とオガクズタイプ一基の計二基（四室）のトイレを設置しました。一日の処理能力は最大六〇〇人。利用者に一回二〇〇円のチップを払ってもらい、設置費用約二〇〇〇万円の一部に充てています。

設置工事については、ＮＰＯ法人「ふじのくにまちづくり支援隊」の土木技術者延べ一二〇人の支援を受け、多くの参加者が高山病に苦しみながらも一週間がかりで資材運搬や組立、設置にかかわったほか、市民ボランティア四七〇人も全国各地から駆けつけ、杉チップの山頂への運び上げに協力してくれました。さらに、八月には小雨のため循環用の水が足りなくなったことからボランティアを募集したところ、五〇〇人もの人が一トンの水を担いで来てくれたのです。

三　ゼロエミッション型バイオトイレの仕組み（うんこが消える）

この環境バイオトイレを製作・販売している東陽綱業の荒井正志会長との出会いは、二〇〇〇年一月に大阪で開催された「富士山　光と影シンポジウム」にさかのぼります。私と大阪毎日放送の川村龍一パーソナリティ（当時、「おはよう川村龍一です」の番組担当）が富士山の環境問題のいろいろを話し合っていた時、突然、会場から「私が開発したバイオトイレを使えば問題は解決できる」、「まったく臭いもなく、汚物も出ず、大量処理が可能だ」と夢のような提案がありました。

その後、荒井会長の意向を受け、五月の連休時に、木曽三川公園内でモデル展示されていたバイオトイレを、グラウンドワーク三島の小浜修一郎さんとともに見学に行きました。何と驚くことなかれ、バイオトイレの横で何の躊躇《ちゅうちょ》もなく、家族がおいしそうに弁当を食べているではありませんか。一体このトイレはどんな仕組みになっているのだろうかと不思議に思い、ぜひとも富士山に導入したく、この装置を寄付してもらいたいと強く「懇願《こんがん》」したのです。

この図々しい、常識を逸脱したお願いに対して、荒井会長は快諾してくれました。二基で一〇〇〇万円近くにもなる高額な装置を供与してくれたのです。こうして、私たちの富士山でのし尿問題解決のための処方箋が見つかり、実現のための苦しい挑戦が始まりました。装置の供与を受け、二〇〇〇年には、富士山五合目の静岡県側と山梨県側に一基ずつ設置して、年間約一万五〇〇〇人のし尿を安定的に処理しました。また、二〇〇一年七月には、いよいよ最難関の富士山頂に二基と山梨県側五合目に一基設置して、約一万人のし尿を処理しました。

このトイレは、男性用と女性用のトイレの間に、し尿処理の装置（分解槽、高さ四メートル、幅二メートル、奥行き二・五メートル）を置き、それぞれの下部をつなげています。分解・処理の仕組みはこんなシステムです。

①トイレの便槽でし尿と水とを混ぜて液状にし、それを連結している「分解槽」にバクテリア（微生物）の入った「ばっ気槽」に通す。

②杉チップ約四トンを入れた「反応槽」の上部から浸透させる。杉チップには空気中のバクテリアが付着して繁殖しており、し尿を窒素ガスと水に分解する。

③杉チップを通過した汚水は「貯水槽」に入れ、トイレに送って水洗の流し水に再利用する。

④この作用を繰り返すが、水分の一部は蒸発するため、貯水槽で水を足して連続して使う。

荒井会長は、子どもの頃大工さんがトイレのない現場で排せつしたあと、おがくずと混ぜることと、その上に杉の枝を乗せ臭いを消す様子を見ていたそうです。その後、排せつ物は見事に分解処理され、完全に消えていたといいます。これは、杉チップが排せつ物を分解したのであり、杉がもつ、消臭作用と分解作用を活用した仕組みだと考えたのです。

今回開発された杉チップを活用したバイオトイレは、「先人の知恵を活かした画期的な自然にやさしいトイレ」といえます。富士山において約二ヵ月間使用した後であっても、汚泥はまったく残らず、臭いもしません。一万人以上の人々が使用した直後であっても、杉チップの不足などの変化は見られないのです。

四　富士山五合目と山頂設置の戦い

二〇〇二年六月一〇日に「富士山バイオトイレ技術会議」が静岡市内で開催されました。会議に参集した技術者集団は前年とほとんど同じであったため、作業全体の段取りは承知しており、効率的な議論が交わされました。前年は設置作業時に、ほとんどの人が高山病にかかり、頭痛と酸欠に悩まされながらも淡々と業務をこなしてくれました。このような地味で一生懸命な技術者が、いまの日本の社会基盤・インフラ整備を担ってきたのです。彼らは自主的に休暇をとり、ボランティアとして参加してくれました。富士山頂における、市民団体による小さなプロジェクトではありますが、設置の成功は、一流建設会社の叡智《えいち》を結集した技術集団による「専門的知識の結集と創意工夫の戦い」が、成功の大きな要因となっています。

このお金にもならない、バイオトイレプロジェクトに対して、「企業および社員」が参加して、組織や個人にメリットがあったのでしょうか。私はおおいにあったのではないかと考えています。参加した人たちには自立心と達成感が、確実に意識されたと信じています。応用力のある人が集まる組織には、個人としても、会社としても強靭さや多彩さが醸成されます。この資質は、なかなか組織内で育成することは困難です。会社は利益至上主義であり、会社の利益に関係しない事柄に社員をかかわらせることは難しいからです。

一般的に土木業者は、営業先として官公庁や企業に行くことが多いと思いますが、これからの営業先はボランティアやＮＰＯ、市民団体ではないでしょうか。お客様である市民は「行政や政治の限界」に気づきはじめています。旧態依然とした企業人は、旧来の仕組みや利権構造に依存しつづけようとしていますが、それでは組織は持ちません。将来のための先行投資とは何か、社会変化の潮流把握、応用力ある人材育成、今後の会社運営のあり方などについて考える必要があります。

リストラや派遣切りが一般的になっている現在、企業人が会社から放り出されたとしても、社会や地域のなかで自分自身の社会的な役割や使命感を失わず、自立して生きていく精神力を育成することが、企業の責任だと思います。給与の支払い行為だけが、企業の社会的責任だとは、到底考えられません。さまざまな分野での社会貢献活動の機会づくりを通して、職員の社会性と多様な能力の育成を行うことこそが企業の責任だと思います。

五　生命の水を運ぶ

二〇〇一年七月に富士山頂に設置したバイオトイレは、順調に稼働し、約四三〇〇人のし尿を分解処理しました。さらに、恒久設置の可能性を実証実験すべく富士山頂で越年させたのです。マイナス三〇度の極寒の気象条件にも耐え、前年よりも元気に稼働しました。

空気が希薄な富士山頂では、一日に何百人ものし尿を分解処理するために、バクテリアは水を必要とします。バクテリアにとっては、水は「生命の源」といっていいでしょう。高所による酸欠状態に耐え、次から次へと投入されるし尿を効率的に分解するためには、空気と新鮮な水の循環が欠かせません。

二〇〇二年にも前年同様に「生命の水運搬ボランティア」を募集したところ、何と八月中旬までに、この呼びかけに賛同する延べ六〇〇人の人々が山頂まで水を運んでくれました。お会いした方々には感謝の言葉とともに、バイオトイレ設置の必要性や法律的制約、さらには、装置の仕組みなどについて、声を張り上げ、誠心誠意説明させていただきました。

八月二日には、パーソナリティの川村龍一さんを隊長とした、大阪からの水運びボランティア隊四〇人あまりが駆けつけてくれました。皆さん、本当に一生懸命に富士山の今後を心配してくださり、「水を運ぶくらいでお手伝いとなるなら喜んで協力させてもらいまっせ。富士山クラブも、富士山のために持続的な活動に頑張りなはれ」と熱いメッセージをいただきました。遠く大阪から運ばれた水には人の温もりが感じられ、山頂で彼らと抱き合い、ともに涙を流しました。この人々は関西に帰ってもゴミを捨てず、ゴミを拾う先導役になってくれると信じています。

バイオトイレは、二〇〇二年八月二四日をもって、三年間にわたる実証実験を終え、富士山頂から解体、搬出して、富士河口湖町（旧足和田村）にある「森の学校」に移設しました。今後は、この成果を取りまとめ、全国各地に情報発信して、環境悪化に悩む全国の山岳トイレの改善モデルにしていきたいと考えています。

六　富士山五合目にバイオトイレを恒久設置

二〇〇二年九月一五日、山梨県富士吉田口五合目佐藤小屋にバイオトイレが恒久設置されることになり、その稼働式が行われました。富士山で初めて「水洗便所形式の素敵なトイレ」が、設置された記念すべき日になりました。

設置されたトイレは、大変立派で見栄えのするものです。トイレ棟は静岡市にある「影山木材」から提供していただいたものであり、総檜づくりで、室内に入ると檜の心地よい香りが漂い、新築の家のようです。洋式の水洗便所でホテル並みの仕様となっており、臭いはまったくなく清潔感にあふれています。処理槽は、大阪府吹田市にある「東陽綱業」製作のもので、富士山頂の実証実験の結果を受け、越冬対策を施した「富士山仕様の高性能・改良型バイオトイレ」です。外装は、木目調で周辺の景観とマッチしたものとなっています。

今回のトイレは、二年間にわたる富士山での稼働実験の結果を踏まえ、ゴミ除去装置の設置や杉チップ槽への攪拌《かくはん》装置導入による処理能力の向上、保温装置設置による寒冷地対策など、三年前と比較すると五〇項目にも及ぶ改良を加えた「優れ物」になっています。

佐藤小屋での「バイオトイレの恒久設置」は、設置申請者は小屋の経営者である佐藤さんであり、あくまでも佐藤さんの意志による自主事業です。しかし、環境省や文化庁、その他関係機関への必要書類の申請行為は富士山クラブが代行して実施しました。山小屋の主人がNPOとの連携によって、自らの問題意識によりトイレを改良・整備した画期的な事例です。国や自治体の補助金に依存せず自主財源で賄った点が、評価すべきポイントだと思います。富士山の美しい環境が守られ、維持されていけば、観光客の増加に結びつくのです。「環境保全と観光振興は共存できる」ことを佐藤小屋での取り組みで実証したいと思います。

ところで、多くの山小屋の主人がバイオトイレを早急に導入したいと願っても、個人では難解な許可申請が待ちかまえており、二の足を踏むのが現実です。業者に任せれば相当の経費を要すると思います。行政は個人的な問題のお世話はしません。富士山クラブは事業主に代わって諸手続きを行い、バイオトイレ設置の促進に貢献しています。これがＮＰＯの存在意義だと思います。今回の設置については、佐藤さんも大変喜んでくれました。あとは、越冬を繰り返すことによって機能的に問題が発生しないかの検証が課題です。

佐藤小屋のバイオトイレは、一〇月下旬まで稼働し、山小屋の閉鎖とともに活動停止して越冬します。また、翌年の五月下旬の再稼働に向けて、引き続き調査を行いますが、ここでの成功が日本の山岳トイレの改善に飛躍的に貢献するものと確信しています。

今後とも、東陽綱業やグラウンドワーク三島などとの技術提携や情報交換を図りながら、このバイオトイレを普及・設置していきます。日本中の山岳トイレや公園、地域に設置されれば価格も安価となり、杉の使用量も増加して消費拡大に連動し、里山再生に貢献できます。

さらに、杉の販売量が増加すればするほど、間伐作業が進まず放置森林化している杉の山々は活気づきます。「経済の循環と自然の循環、人間生活の循環」が、マッチングするのです。先人の知恵に学ぶ「環境学・経済学の確立」、その夢の実現のためにも、このバイオトイレの技術開発・販売強化に取り組んでいきます。

七　バイオトイレへの思い

当時、富士山クラブと協働して、このバイオトイレ・プロジェクトに参加したグラウンドワーク三島が、二〇〇五年七月に環境省の山岳トイレの実証機関に認定されました。その後、実証試験希望業者を募集したところ、一〇年前からお世話になっている「東陽綱業」から申請があり、七月一七日に審査が行われました。

なぜ、わたしたちはこんなにも長い期間、このバイオトイレにこだわり、付き合いを続けているのでしょうか。このトイレには、グローバルな視点において、大いなる「夢」が隠されているからだと思います。多くの人々が直視しない、し尿問題。それが引き金になって、世界各国で環境悪化を誘発し、ひいては疫病などを蔓延させ、多くの子どもたちが死んでいます。

日本人は経済的な豊かさを求める一方で、し尿やゴミ問題など、人間が生活することによって排出される余剰物の処理の行方には、とかく無頓着・無関心です。誰かが、どこかで、しっかりと処理・対応してくれるものと思っています。

しかし、現実は、そんなに甘いものではありません。富士山では四〇年近くの間、毎年約二五万人にものぼる登山者のし尿は「垂れ流し」の放置状態でした。山小屋から放出されたし尿や汚物は、富士山の斜面に白く張り付き、強烈な悪臭を放ち「白い川」と呼ばれていました。多くの登山者は、その事実に気づき、行政等の対応の遅れを批判しましたが、抜本的な解決は遅々として進まなかったのです。

そこで当時、富士山クラブの事務局長であった私は、NPOの特性を活かし、具体的な行動により、このし尿問題を解決できないかと試行錯誤していました。そこで出会ったのが、し尿処理に先人の知恵を活かした杉チップを使う、このバイオトイレでした。

さきほども触れたように、大阪でのシンポジウムにおいて、富士山の環境悪化の現状を切々と説明した折、私たちの強い思いを理解し、高額なバイオトイレを、二基提供してくれたのが、荒井会長でした。「高冷地での使用は自信がないが、現場に持って行って実際に試してみてはどうですか」と肩を押してくれました。

正直、私も木曽三川国立公園内に設置されていたこのバイオトイレを見学し、その機能の優秀性は実感していましたが、まさか、あの過酷な自然条件・使用条件の富士山頂において成功するとは考えていませんでした。仲間と一緒にダイナミックな挑戦に取り組めればいいなあという程度の軽いノリでした。

しかし、物事が動き出すと面白いものです。多くの賛同者や支援者が、この突飛で大胆な挑戦・夢に、共鳴してくれ、資金・資材・人材・情報など多様な資源が集積され、ネットワークが拡大・拡散していきました。熱き思いを、粘り強く、多くの人々に伝えていくことが、人々を納得させ、感動させることに連動していくことを強く学びました。

このように熱き人々の「支援の心」を紡いでいくのが、NPOの特性だと思います。いくら大きな夢や目標を抱こうと、一人では何もできません。いかに、自分の考え方や解決のための具体的な手法をわかりやすく、第三者に伝達していけるのかが、成功のポイントです。

また、実現へのプロセスに立ちはだかる障害や困難を、どのような意識と感性で咀嚼《そしゃく》し、次なる活動の原動力に転換できるかの戦略性と企画力が、事業の持続と発展の要素です。大いなる目標と情熱があれば、人々の支援の輪は必ず進化・深化していくものです。

法律的な制約と調整、資金調達、技術的な検討、支援者の確保、維持管理の仕組みづくり、社会的説明、安全確保、浅間大社や山小屋の調整など、実現に向けた課題は山積みでした。当然これらの課題は、本来、行政や政治が対応してしかるべき事柄なのだと思います。

しかし、行政や政治の責任や是非を議論していても、世の中は何も変わりません。この意識が、NPOの事務局長として、大胆な行動に突進した最大の理由です。優秀な行政機関や首長は、大胆で先駆的な取り組みには慎重です。市民自身が主体性や内発性を発揮して、諸課題に挑戦していく勇気と行動が、世の中を変革・先導していくのです。

このNPOの真価と実力、可能性を実証してくれたのが、私の過大な夢を信じ、支援してくれた多くの仲間たちであり、杉チップや水を運んでくれたボランティアの皆様です。あれから、一〇年近く経過したいま、富士山の山小屋のほとんどにバイオトイレが設置されています。補助制度の拡充、山小屋の努力、行政や政治の積極的な取り組み、登山者の理解など、良好な風が吹き、課題は着実に解決されていっています。

このバイオトイレを見ていると、富士山の過酷な現実に果敢に挑戦した昔が懐かしく思い出され、感動が再現され、元気がわきます。時を経ての現在の挑戦は、全国の山岳トイレの改善であり、東アジアやアメリカ、アフリカなど海外への事業展開です。

幸いにして、荒井会長の軽快なノリは変わっていません。事業化への野望というよりは、やはり果てしない子どもチックな、大いなる夢への挑戦だと思います。富士山に負けない、いやむしろさらなる困難が伴うと思います。しかし、困難・障害、どんどん襲ってこいの心境です。

活動に変化や動き、流れがあってこそ、すべてが面白い。仕事として対応しているわけではありません。あくまでも、自己責任の領域となるＮＰＯの世界の話です。新たなる人々との出会い、グラウンドワーク三島の国際的な立場での認知、杉の活用による里山の再生、最貧国の生活環境の抜本的改善、仲間との設置ボランティア活動の企画、環境が悪化している地域の調査の実施と提案、韓国・中国・ベトナム・モンゴルなどへの拡大、南国でのビールの満喫など、やるべきこと、やらなければならないことは山積みです。

他人のため、他国の人々のために、自分の能力と行動力、情熱を最大限に投入していくことは、何と楽しく、興奮することか。今回の実証実験を通して、このバイオトイレの先進性が専門的に解析され、その優位性が証明されると思います。

八　海外での貢献

富士山でのバイオトイレの設置活動が、ワシントンポスト紙に掲載されたとき、アメリカのNGOから問い合わせがありました。アフリカの難民キャンプや東アジアのスラム街において、し尿の垂れ流しによって地下水や飲料水の汚染が発生し、多くの子どもたちが死亡しています。この死亡増加の阻止と疫病防止のためのし尿処理装置として活用できないか、との質問でした。海外に輸出したとして経費はどの程度か、稼働のための諸条件は、暑さは大丈夫か、どの程度の台数を輸出できるのかなどの問い合わせだったのです。私としては、アフガン難民の問題が発生したときには、このバイオトイレの無償供与を検討したのですが、税関上の問題や資金・人的支援や維持管理体制の不備などの理由により断念しました。

また、七年ほど前には、アメリカのシアトル近くにあるマウント・レーニア国立公園やニュージーランドのトンガリロ国立公園のトイレを現地視察してきました。どこも、コンポストとなっていますが、結局は溜め便所で臭いものでした。満タンになるとヘリコプターで搬出しており、多大な経費がかかることから、安価なシステムを探していました。バイオトイレの機能を説明すると、非常に驚き、ぜひとも試してみたいとの強い要望が寄せられました。
このように国内外問わず、バイオトイレの可能性には限りないものがあると感じています。先人の知恵を活かしたリサイクル型のバイオトイレの開発と普及は、経済活性化の起爆剤になる可能性も秘めています。

また、このバイオトイレの使用後の杉チップに寄生しているバクテリアを分析してもらったことがあります。一般的な菌は三種類程度あることが判明しましたが、それ以外の菌の名前、機能、役割などは不明であり、バイオの実態は学問的にも未知なる領域なのです。

今後とも、荒井会長のバイオトイレに関わる新たなアイデアを活かした多様な装置の開発を進め、富士山や国内の山岳トイレとしての活用はもちろんのこと、東アジアやアフリカなどの最貧国への設置・拡大を推進していきます。現在、アメリカのマウント・レーニア国立公園に三年前に設置したバイオトイレは順調に稼働しており、その他、韓国・江華島、カンボジア・アンコールワット、アメリカ・ヨセミテ国立公園などに設置しての実証実験の実施も計画しています。

3

富士山の世界遺産登録へのアプローチ

一　世界遺産登録の意義

皆さんは、富士山が世界遺産になるのは当然だと思いますか。それとも、環境問題をはじめとして、いろいろ問題を抱えているために不可能だと思いますか、いや、登録することなどどうでもいいことだと思われますか。

古今東西、日本人の誰もが等しく愛し、憧れる「富士山」。その価値を世界的な基準に照らし、評価してもらうことは、富士山が「日本の富士」から「世界の富士」へと位置づけを変える、日本人の「覚悟」の証しだといえます。世界遺産登録へのハードルを乗り越えるには、前提要件として、複雑に絡みあった諸問題を抜本的に解決しなければなりません。富士山の環境問題を改善し、本来の富士山の姿に復活させることは、日本人が元気を取り戻す「再生へのプロセス・挑戦」であると思います。

登録されるまでの利害関係者の自助努力のプロセスと具体的な活動の成果が大切であり、それが世界遺産登録として結実するのです。私は、その大いなる課題と苦しい戦いに取り組んできました。

一九九五年に、富士山を世界自然遺産に登録するための市民運動が起こり、約二四六万人もの署名が国内外から集まりました。国会請願も採択され、日本国民の多くは、当然環境庁が登録手続きを行うものと期待しました。しかし結果的には、厳しい環境悪化の実態を理由として、ユネスコへの国としての登録申請を断念することになりました。

さらに、追い討ちをかけるように、管理の一元化についての体制の不備、統一化された管理基本計画がないこと、行政・企業・ＮＰＯとの協働の希薄性、富士山基金の創設や官民協働による包括的な保全委員会の不設立など、課題解決のための具体的な施策が確立されていないことが、ユネスコ関係者から厳しく指摘されました。

実は当時、私もこの現場におりました。四日間にわたり現場を案内した後、富士山の富士吉田口の五合目において、ユネスコ関係者から、「渡辺さんは何のために生きてきたのですか。何のために生きていくのですか。日本人の豊かさとは何を意味するのですか」と質問を受けました。富士山の世界遺産登録と私の生き方や考え方と、どのような関係があるというのでしょうか。私がどう生きようと、他人にどうこういわれる筋合いはないのです。

しかし、世界遺産を審査する専門家にとっては、富士山の現場において発生している問題は、そこに生きている人間自身の仕業、考え方によって引き起こされているものだと考えているのです。問題の発生原因は、そこに住む人々の行動様態が反映されたものであるとの考え方なのです。私個人を含めて日本人全般に対して、「あなた方は何をしてきたのですか。何を考えて行動していくのですか。こんなことも解決できないのですか」という強烈な皮肉と問いかけのメッセージなのです。

私はこのとき大変悔しい思いをしました。「よし、命をかけて富士山の環境再生活動に取り組むぞ」との強い決意が沸き出ました。世界遺産登録への道筋は、日本人の心と行動様態に疑問を呈している諸外国の専門家や人々に対しての「反論のメッセージ」といえます。

二　世界遺産とは

世界遺産とは、一九七二年に第一七回のユネスコ（国連教育科学文化機関）総会で採択された世界遺産条約に基づき、世界遺産リストに登録されている物件を指します。遺跡や文化的な価値の高い建造物、貴重な自然環境を保護・保全し、人類にとってかけがえのない共通の財産として後世に継承していくことを目的としています。世界遺産条約の正式名称は「世界の文化遺産及び自然遺産の保護に関する条約」で、一九七五年に発効。条約締結国は、二〇〇八年現在一八五ヵ国、日本は一九九二年に一二五番目の加盟国になりました。

条約の全文は、「前文、（一）文化遺産及び自然遺産の定義、（二）文化遺産及び自然遺産の国内及び国際的保護、（三）世界の文化遺産及び自然遺産の保護のための政府間委員会、（四）世界の文化遺産及び自然遺産の保護のための基金、（五）国際援助の条件及び態様、（六）教育事業計画、（七）報告、（八）最終条項」の八章から構成されており、世界遺産リストは第一一条二項に規定されています。

世界遺産には文化遺産、自然遺産、複合遺産の三つのカテゴリーがあり、二〇〇九年時点で八九〇物件が登録されています。その内訳は、自然遺産が一七六物件、文化遺産が六八九物件、複合遺産が二五物件です。

文化遺産・物件名
法隆寺地域の仏教建造物（一九九三年）
姫路城（一九九三年）
古都京都の文化財［京都市、宇治市、大津市］（一九九四年）
白川郷・五箇山の合掌造り集落（一九九五年）
広島平和記念物［原爆ドーム］（一九九六年）
厳島神社（一九九六年）
古都奈良の文化財（一九九九年）
日光の社寺（一九九九年）
琉球王国のグスク及び関連遺産群（二〇〇〇年）
紀伊山地の霊場と参詣道（二〇〇四年）
石見銀山遺跡とその文化的景観（二〇〇七年）

自然遺産・物件名
屋久島（一九九三年）

白神山地（一九九三年）
知床（二〇〇五年）

文化遺産とは、歴史上、芸術上、または、学術上、顕著な普遍的価値を有する記念物、建築物群、記念的意義を有する彫刻および絵画、考古学的な性質の物件および構造物、金石文、洞穴居ならびにこれらの物件の組み合わせを指しています。

自然遺産は、鑑賞上、学術上、保存上顕著な普遍的価値を有している地形や生物、景観などを含む地域を指しています。

また、複合遺産とは文化遺産と自然遺産の両方の要素を兼ね備えたものです。

国内の世界遺産は表の一四件（文化遺産一一件、自然遺産三件）となっています。

三　世界自然遺産登録運動の挫折

環境省と林野庁は、二〇〇四年五月二六日に「世界自然遺産候補地検討会」を開き、新しい世界自然遺産の候補地として、知床（北海道）と小笠原諸島（東京都）、琉球諸島（鹿児島・沖縄県）の三ヵ所を選びました。両省庁は、登録の前提条件となる地域の保護管理体制を地元自治体と整えた上で「暫定リスト」として世界遺産委員会事務局（パリユネスコ）に提出し、まず二〇〇五年に「知床」が選出されました。

富士山は全国の候補地一万八千のうち最終検討候補地一九ヵ所には残りましたが、結果的には落選しました。委員からは、「富士山は五合目から上は問題はないが、それだけに限った登録では意味がない」、「一〜三合目は利用されすぎていて、ゴミなど解決すべき課題がある」と、厳しい意見が出されました。

自然遺産としての価値の評価よりも、人々が持ち込んだゴミによる環境悪化の顕在化のために落選したといえます。富士山の世界遺産登録をめざす活動を進めてきた私としては、「大変残念な結果だと思う落胆の気持ち」とともに、「落選して当然だと思う冷静な気持ち」が交錯するものでした。

私自身は、一五年前に富士山を世界遺産に登録する署名運動を進めました。また、国際シンポジウムのために招聘されたユネスコ関係者を富士山の現場に案内し、事前の可能性調査に同行しています。結果的には、類いまれなる自然環境の圧倒的な価値と比較して、環境悪化の実態があまりにもひどく、多くの課題を抱えすぎ、登録対象となるには遠く及びませんでした。一般的に、富士山が世界自然遺産に登録されない理由としてゴミやし尿の問題などが考えられますが、海外の先進地に学んだ知識から推察すると、富士山は、次のような根本的な多様な課題を内在していると思われます。

①　富士山の「範囲」が明確化されていない。
②　管理者が「一元化」されていない。
③　総合的な「管理基本計画」ができていない。
④　持続的な保全システムを担保するための国家的な資金的裏づけとなる「富士山基金」が創設されていない。
⑤　NPOと専門家などとの「協働の仕組み」ができていない。
⑥　行政に限らない総合的な「管理・調整機構」が組織化されていない。
⑦　富士山に関わる学術的な情報がデータベース化されておらず、学会などの専門的な組織がない。

富士山は何重もの役所・所有者・利用者・利害関係者が関わっていることにより、一元的に物事を進められない複雑怪奇な山になってしまっています。このために、責任者が不明確となり総合的・抜本的な解決方策が見出せないのです。

また、富士山の何が自然遺産として評価される価値があるかについて、正確に理解している人はどれだけいるでしょうか。富士山は「三〇〇〇メートルを超える単独の成層火山」、「溶岩上の植物群落と植生遷移」、「独立峰としての美観」、「垂直分布による生物の多様性」などにより、価値が認められています。これらを自然遺産の登録基準である、①重要な地質や地形、②他に例のない生態系や生物的要素、③優れた景観、④生物の多様性と対照し、学術的な評価をすることが必要です。私は富士山において、この登録基準に適合した的確な自然情報の収集・整理は行われていないと思います。この基礎的な資料を準備しなくては、自然遺産登録は実現しないでしょう。

さらに困難な課題としては、自然遺産登録のためには、観光業者や開発業者などの経済活動を行っている事業者に対して、間違いなく規制や制限が及ぶことです。いまは登録に向けて夢物語的な運動を進めていても、現実的な段階になると、厳しい制限や規制が付加されることを承知しているでしょうか。

世界遺産の登録範囲は、「核心地域（Core Zone）」と「緩衝地域（Buffer Zone）」によって構成されています。核心地域とは、世界遺産として直接登録されるところで、厳格に保全・保護が義務づけられる区域で、緩衝区域とは、核心地域を保護するため、その周辺に設けなければならない区域です。

この「コアゾーン」と「バッファーゾーン」の存在は、登録済みならびに登録申請中の地区を見れば、いかに厳格で不自由なものであるかがわかります。「保護・保全の区域」と「開発の区域」との利害調整と関係者との合意形成が必要不可欠です。世界遺産登録は、自然環境の保護・保全の徹底と開発行為の抑制を進める意思表明の国民的なメッセージなのです。

世界自然遺産の登録を現実的なものにするためには「世界遺産とは何か、どんな制限や規制が加わるのか、登録のためには何が必要なのか、利害関係者となる行政・市民・NPO・企業の役割とは何か、経費負担はどうなのか、どの機関が責任者となるのか」など、検討・調整しなくてはならない多くの課題を抱えています。

自然遺産登録は富士山の環境改善の証としての最終的ゴールです。しかし、私の考え方としては、まずは、世界文化遺産登録をめざしての運動を進めていきます。文化遺産は文化的・歴史的・宗教的な価値を世界基準に合わせて、評価してもらうものです。

一方、自然遺産登録は「これからの評価」です。いまの自然的価値をどのように保全し、後世に伝えていくのか、その知恵と仕組み、気構えを評価されるものではないでしょうか。

次世代の子どもたちに美しい富士山をいかに守り伝えていけるのか、そのための具体的な戦略・手法、さらに新たな保全システムの表明には、今後一〇年近い歳月の積み重ねが必要だと思いますが、一つ一つの課題を確実に解決していきたいと考えています。

四　世界遺産登録への戦略的アプローチ（ロードマップ）

二〇〇〇年一一月に開催された文化財保護審議会世界遺産条約特別委員会で、今後、わが国が、五～一〇年以内に世界遺産に登録予定の推薦候補物件を記載した「暫定リスト」への追加対象として、「平泉の文化遺産」、「紀伊山地の霊場と参詣道」、「石見銀山遺跡」の三物件が選定されました。

同委員会は、「今後の調査研究や保護措置などの状況によって、将来的に候補物件を追加することが必要と考えられる」とし、「例えば、富士山は古来より霊峰富士として聞こえ、富士信仰が伝えられると共に、遠方より望む秀麗な姿が多くの芸術作品の主題となるなど、日本人の信仰や美意識などと深く関連しており、また、今日に至るまで人々に畏敬され、感銘を与え続けてきた日本を代表する名山であり、顕著な価値を有する文化的景観として評価することができると考えられる」としています。

また、「今後、多角的、総合的な調査研究の一層の深化とともに、その価値を守るための国民の理解と協力が高まることを期待し、できるだけ早期に世界遺産に推薦できるよう強く希望する」との見解を示しています。

富士山の文化的景観についての見解について、文化庁記念物課主任文化財調査官・本中真氏は論文のなかで次のような考えを示しています（「文化と自然のはざまにあるもの――世界遺産条約と文化的景観――」『奈良国立文化財研究所学報』第五八冊）。少し長くなりますが、引用します。

①富士山は文化遺産の最有力候補

文化的景観の最有力候補となるのは、やはり何といっても富士山であろう。

②富士山が持つ顕著で普遍的価値とは

富士山は海浜から裾野を引いて優美に立ち上がる日本最高峰の独立成層火山で、有史以来、浅間大神（あさまのおおかみ）あるいは木花開耶姫命（このはなのさくやひめみこ）の鎮座する神の山として崇敬されてきた。特に江戸時代以降は「富士講と称する信仰」組織のもとに、江戸を中心に多くの信者が登拝に訪れた。

南麓と北麓には、社殿の多くが国の重要文化財に指定されている富士山本宮浅間神社（静岡県富士宮市）や北口本宮富士浅間神社（山梨県富士吉田市）が建つほか北口本宮富士浅間神社から延びる登拝道の全区間と、南麓・東麓から延びる登拝道の一部、および五合目以上の山体が国の特別名勝に、船津登山道沿いの樹林帯（原始林）が天然記念物に、それぞれ指定されている。また、裾野の富士五湖を含めた富士山全体が、富士箱根伊豆国立公園に含まれている。

③富士山の世界遺産登録の可能性

富士山は日本の信仰や文化と深く融合する、第三カテゴリーに属する文化的景観の代表として、世界遺産候補となる資格は十分にある。しかも、このような文化的景観は、ヨーロッパはもちろんのこと、アメリカや豪州のいわゆるキリスト教文化圏には決して見ることのできない、自然崇拝に根ざした山岳信仰に直接関連する事例である。東アジアの先進工業国としての日本が、この種の文化的景観を万全な保存体制のもとに世界遺産に推薦することは、他のアジア・アフリカ・中南米諸国など、この種の資産を多く擁する国々の大きな励ましになるという点で、その意義は限りなく大きい。

④富士山の世界遺産登録への課題

富士山にはこのような一級の文化的価値が認められる一方で、毎年夏を中心に訪れる登山客のオーバーユースの問題、特にごみ処理やし尿処理の問題は、富士山の環境保全の面にきわめて憂慮すべき事態を引き起こしている。その打開のために、一九九六年度に環境庁が公園計画の見直し作業を完了し、国立公園内の細かな地種区分を設定したほか、これに合わせて山梨県が特別名勝の保存管理計画の一部改訂を行った。トイレについても、試行段階ではあるが、新たな環境保全型の処理機能をもったものへと転換されつつある。こうした環境保全への試みが成功すれば、富士山の世界遺産登録への道は大きく開けることとなろう。残された課題は、地元土地所有者や市町村など行政部局間におけるコンセンサスをいかに形成するか、そして何より大きな課題は東富士の自衛隊射爆場問題であろう。多くの難問が山積しているわけだが、着実に前進させるべき課題である。

五　関係各機関との調整

①富士山の世界遺産登録および関連費用への対策

以下では、富士山世界遺産登録運動の今後の展望について述べたいと思います。

「紀伊山地の霊場と参詣道」の場合は、二〇〇〇年から二〇〇三年度までの五年間において、全体として一〇億円程度の経費を費やしています。また、世界遺産委員会に提出した申請書類の作成については、一・五億円（作成期間二年間）を要しています。

富士山の場合、どの程度の経費がかかるのかについては、これから検討しなければなりません。両県の教育委員会担当者が中心となった組織づくりが可能となれば、安価になるとは想定されますが、今後の検討段階において、必要な処理事項などの総量が確定することで総経費が決まると考えられます。一般的には、経費は行政負担ですが、登録促進のための骨格策定の経費は、推進団体が経費負担するものです。想定として〇・五億円程度は必要だと考えられます。もしも推進のための市民団体を設立するとなれば初期段階の資金調達を進め、申請書類の骨格づくりを進めるとともに、行政サイドからの資金援助を受けて環境整備を図る必要があります。また、

「富士山の世界遺産登録への基本構想・基本計画」を策定して、政策提言の形で行政サイドに提出する手法も説得力があります。

企業との協力関係も視野に入れる必要があります。資金支援ではなく、税金で処理できる「協働の支援システム」の提案を仕掛けていきます。各種パンフレット、富士山世界遺産解説書、PRビデオ、CD、富士山の見所ガイドブック、富士山の世界遺産を訪ねるガイドブックなどの制作費は、支援企業のPRが含まれていれば、宣伝広告費として税務処理可能であるので、素案を提示して積極的にスポンサー企業を探していく方針です。

また、富士山世界遺産基金を創設し、富士山周辺の地下水利用型企業から一トン一円あるいは数銭単位での資金を集める方法もあります。さらに、飲料水、自販機、旅行者、印刷物、携帯電話、パチンコ玉、キャッシュカードなどから薄く広く資金を集めることも考えられます。集めた資金は、使用目的を明確化し、「富士山・千年の森づくり」、「富士山世界自然学校の開校」、「環境教育用教材の制作」、「子供自然楽校の開設」、「行動弱者自然学校の開設」などの建設費、管理運営費などにも使用します。

② 地元関係機関の整備

山梨・静岡両県知事への今後のスケジュール説明と担当部局の確定、推進組織の立ち上げ依頼を行い、県庁内部局による事務レベルでの推進本部の立ち上げと打ち合わせ会議を設定します。また、富士山の世界遺産登録の概要や課題、対応事項などをわかりやすく解説した、「富士山の世界遺産登録一問一答集」（要約版・パンフレット版・ビデオ、CD版など）を制作し、さらに、富士山の環境保全対策、管理基本計画、法律の制定などについて、独自の政策提言も盛り込み、「専門家・行政・NPOによる協働検討会議」を設立して一問一答集の充実を図ります。

その他、関係市町村首長と関係市町村議会議長への事業説明と協力要請を行います。また、地元では一九九二年に「富士山を世界遺産とする連絡協議会」（山梨・静岡二〇の市民団体が参加）が設立され富士山を複合遺産として登録する国民運動を起こし、二四六万人の署名と国会請願を実施してきました。

その後、自然遺産での登録申請を国が断念（環境悪化の現状を認識）したため、文化遺産登録（文化的景観）をめざして新たなる取り組みと、一九九四年六月に審議未了で保留となった「富士山の世界遺産リスト登録に関する国会請願」の実現（一九九五年に衆参議会で採択された）を目的として「富士山を考える会」（会長：三浦孝一県文化協会会長）が、一九九四年一〇月に設立されました。以降、推進役の静岡新聞社側の撤退と市民側の組織力の脆弱性により、運動が縮小していき、現在は、まったく活動実態のない団体になっています。そこで、「富士山を世界遺産にする山梨県・静岡県地域部会（案）」を設立して、富士山圏域内の地元関係者の合意形成、課題調整と署名など具体的な運動の誘発・誘導を図っていくこととします。

また、山梨・静岡における県議会と市町村議会関係者への協力要請と超党派議員連盟の設立をめざし、両県県議会議長や市町村議長、各会派幹部などに対して、事前説明を行うとともに、各地域において「富士山世界遺産登録・議員研修会」の開催を企画します。その後、県議会から各市町村まで随時、超党派による「富士山世界遺産登録県議会・市町村議会議員連盟」の設立を働きかけていくこととします。

③国関係機関の整備

今後、山梨県内、静岡県内選出および関連の衆参国会議員への事業説明と協力依頼を行うこととし、「富士山の世界遺産登録一問一答集」を活用して、それぞれの具体的な支援の役割をお願いしていきます。まずは随時、「富士山世界遺産登録・議員研修会」の開催を企画します。

また、富士山の世界遺産登録実現のために超党派の国会議員による議員連盟の設立を働きかけます。旗揚げのためのリーダー的な実力者（富士山が好きで環境や文化に造詣の深い著名議員など）

を選出し、各会派ごとに「議員研修会」の開催を依頼します。これが実現できれば、環境省や文化庁、防衛庁などの国機関幹部が参考人として参加し、国に対してプレッシャーと内部情報の収集、確認が可能となり、現時点での国の考え方が把握できます。衆参国会内の環境委員会、文化委員会などにおいて、市民団体の動きや富士山の世界遺産登録の可能性などについて、積極的な質問攻勢を依頼し、超党派の「国会議員連盟」の設立を推進していきます。

さらに、富士山の文化遺産登録のためには、地元における運動推進体制の整備・強化はもちろんのこと、国内部のまとめ役として文化庁担当課内に専属の担当職員を配置してもらうことは必要最低限の要件です。文化庁として、富士山の世界遺産登録のための必要要件や課題の明確化、地元での処理事項などを議論する「富士山世界遺産登録・協働連絡調整会議」を設立するとともに参加を要請していきます。

今後、富士山の世界遺産登録に向けた国関係機関の意思統一と横の連携強化を図るべく、早急に世界遺産条約関係省庁連絡会議の開催を働きかけていきます。あわせて「文化財保護審議会・世界遺産条約特別委員会」の開催と「両県合同の専門者会議」の設立をめざします。まずは、「世界遺産条約特別委員会委員」を参集しての「専門者会議」を開催して、今回の富士山の世界遺産登録運動の支援と推進役を担ってもらうとともに、登録に向けた課題や推進上の戦略、ユネスコに対してのアプローチなど、文化庁に対しての対応方法についての助言、指導を仰いでいきます。

④国関係機関の一元化を図る「富士山総合対策室」の設置

今後、富士山の文化遺産登録に関わり、総合管理基本計画の策定を行い、それを持続的に遵守していくことが重要な課題となることから、内閣府のなかに、富士山施策の一元化や総合調整を図るための「富士山総合対策室」の設置を要望していきます。そこでは、国関係機関職員、両県職員、関係市町村職員・団体職員、ＮＰＯ関係者、専門家などが参画する横断的な組織とします。この組織の代表者として、たとえば、環境大臣が就任し、国において超法規的な権限を有する「専門職」が必要と考えられます。

⑤首相へのアプローチ

政権交代が実現したいま、民主党の新たな公約・施策のなかに、「富士山の環境保全に総合的に取り組む考え方」が入るように、まずは側近関係者へのアプローチを開始し、必要性についての説明を行います。今回の事業は国家的な事業であることから、日本のリーダーである首相の富士山に対する考え方やとらえ方、世界遺産についての情報量や判断、総合的な環境保全対策の必要性への認識など、周辺情報の収集が必要とされます。いままでの運動においては、首相に対しての直接的なアプローチや情報提供が皆無だったのですが、今回は、ある程度の段階で首相の合意を受け、トップダウン的な対応が可能となれば、事業全体の進捗が円滑になるものと判断できます。

⑥文化遺産申請書策定の「プロジェクトチーム」編成

申請書類の骨格となる「基本構想・基本計画」策定については、世界遺産登録申請に詳しい専門家集団による「プロジェクトチーム」を編成します。まずは、富士山総合研究所の設立を進め、担当研究職員の雇用・確保を実施するとともに、検討素案となる具体的なたたき台の作成に着手していきます。

⑦「富士山環境再生法（案）」の制定運動の推進

現在、富士山の環境保全や文化財、文化的景観などに対しては、両県にまたがる広域的で総合的・包括的な管理・運営のための国レベルでの法律はありません。自然公園法、自然環境保全法、文化財保護法、森林法などが、両県の実情に合わせて区域設定されているのみであり、それぞれの考え方や保護・保全・活用に対する対応姿勢についての一部不整合が見られます。富士山の世界遺産登録のためには、今後、環境保全と観光振興のバランスがとれた、環境調和型の新たなる法律の制定が必要となります。

富士山の持続可能な環境と観光の振興は、次世代まで美しい富士山を残していくという私たちのメッセージであり、具体的な法律制定のプロセスは、多くの日本人（国民）の「知恵の結集」にすることが重要です。そのためには、弁護士、環境・文化などの専門家、ＮＰＯ、政治家を主要なメンバーとする「富士山再生法・専門者検討会議」を設立して、法律制定の検討・研究を開始します。長期的には、この専門者検討委員会が基本となり、法律の素案を策定して、超党派による議員連盟に投げかけ、環境委員会や国会に対して「議員立法」としての制定を提案していきます。

⑧広報活動の実践

今後、静岡新聞社と山梨日日新聞社については、担当のプロジェクトチームを編成・配置してもらい、富士地域の事情に合わせた担当者同士の具体的な「アクションプラン」の策定を行っていきます。また、共同通信社についても、両県の担当者を配置してもらうよう働きかけていきます。

また、本活動を国民的運動に拡大し、各界の賛同と共鳴を得るために、富士山の未来像、持続可能な保全管理のシステムなどについてわかりやすく解説し、情報公開していきます。そのためには、紀伊山地の例に準じて、ユネスコや文化庁、両県などとの共同開催となる「世界の富士・信仰の山としての文化的価値と景観に関する専門者会議（世界の富士・信仰の山会議）」を、山梨県か静岡県において開催をめざします。その後、この情報を地元関係者や東京、大阪などの人々に情報発信するための「リレー講座　富士山を世界遺産に」を開催します。ラジオ番組、テレビ番組、ＦＭ放送など、媒体の協力体制についても整備していきます。また、本活動のＰＲビデオ（スポンサー募集・富士山情報と環境教育用にも活用可能）を制作します。

また、富士山に関わる著名人の思いや考え方、富士山の現状と課題の解説、富士山の世界遺産登録の意味と意義、富士山測候所関係、文化的視点、自然科学的視点など、「富士山シリーズ」の目を引く印刷物の発行も企画していきます。

インターネットや携帯電話などについては、富士山情報のキャッチが可能となる電子情報システムを構築し、電子情報サービスとして世界中に発信していくことをめざします。今後、携帯電話会社との富士山情報受発信のシステムを共同開発していきたいと考えております。

六　富士山を世界遺産にする国民会議がスタート

「富士山を世界遺産にする国民会議」が、二〇〇五年四月二五日をもって、NPO法人として正式にスタートしました。この段階に至るまでには、なかなか他人には言えない、私なりの忍耐と悔しさが蓄積されています。しかし、大きく、力強い器が、何とか形になったことは、大変心強く、今後の組織の実行力と可能性に期待するところ大です。

私が、最初に富士山の世界遺産運動に関わったきっかけは、静岡県と山梨県において、一九九三年から始まった自然遺産登録への運動からです。当時は、富士山の類いまれな自然環境、資産に注目し、自然遺産としての価値を第一義的目的とし、一部、文化遺産としての要素も加味して、複合遺産としての登録をめざしました。

運動は、登録のための国民の意思表明を主眼としたため、国内外での署名運動と関係機関への陳情、国会請願、担当機関への具体的アプローチ、シンポジウムの開催などが中心でした。そのために、富士山の自然科学的、文化的、歴史的、宗教的な専門的分析がおろそかとなり、運動の推進形態が情緒的で感情的なものに偏重した傾向が見られました。

富士山の世界遺産登録への国民全体の意思は、二四六万人の署名数により判断され、この力により、衆参両議院全員の了承と、当時の羽田首相や村山首相の賛同も得られました。しかし、結果は、担当省である環境省の内部的な理解が得られず、事務レベルでの判断により、国民の巨大な意思は封印されました。

その後、現在まで、富士山が世界遺産に登録できなかったのは、五合目以上におけるゴミの放置、山小屋からのし尿の垂れ流し、山麓での産業廃棄物の投棄などの問題があったからだ、と説明されます。確かに、その要素があったことは否定しませんが、絶対的な要件ではないと考えています。

最大の理由は、富士山の「管理の一元化」ができなかったことや富士山の自然環境を永続的に維持管理していくための「管理基本計画」が策定できなかったことにあると思います。また、富士山の専門的、総合的、体系的な学術的分析・評価が不十分であり、提出される資料が世界遺産委員会の審査基準に見合う高度な資料として整理されていなかったこともあると考えています。

要は、世界遺産登録のための基本的な基盤、足下の準備と専門的な議論が決定的に不十分だったことに起因しています。そこで、今回の文化遺産登録へのアプローチでは、前回の運動の反省を踏まえ、感情的な署名運動などは先行せず、まずは、専門家による実務的で専門的な検証と情報収集、整理、分析の作業を重点的に行うつもりです。

さらに、世界ユネスコ協会内に設置されている専門・調査機関である、世界遺産委員会（イコモス等）による申請書類素案の評価と課題に対するアドバイスを受け、作業を進めていく段取りも考えています。まさに私の役割は、登録のための実務的な戦略立案と国や地元などの関係機関の調整、事業推進のプロデュースだと自覚しています。

私としては、一〇年前より、世界遺産登録の課題解決のために、さまざまな仕掛けに取り組んできました。まずは、五合目以上の「ゴミ処理の運動」を推進したことにより、登山客のモラルが向上し、登山道へのゴミの放置が激減しました。その後、杉チップを活用した「バイオトイレ」を行政に先駆けて、富士山五合目と山頂に設置しました。その影響により、行政側の高率な補助制度を誘導でき、二〇〇五年度中には、富士山にある四二ヵ所の山小屋すべてに、バイオトイレが設置されることとなり、し尿問題も解決の方向に進みました。

さらに、山麓の「産業廃棄物の不法投棄を防止」すべく、携帯電話に位置感知システム（GPS）を搭載した情報伝達システムを民間企業と協同開発し、産業廃棄物の発見と位置、内容の整理、分析が可能となるインターネット・システムを推進しました。行政側の積極的な対策とあいまって、いまでは、五年前の一〇分の一から一五分の一に、廃棄物投棄が激減しました。

これらのプロジェクトはもちろん、私一人が実施し、成果を上げたものではありません。しかし、私は、すべての発意と推進力は、自分から始まったと自負しており、これらは、富士山を世界遺産に登録させるための具体的戦略の一つだと考えています。実現のためには、富士山クラブでのさまざまな葛藤や悔しさがあり、新組織を創るための試行錯誤と仲間意識の醸成の苦労もありました。

しかし、個人的な感慨や評価、また私への批判などはどうでもいいと思います。富士山を世界遺産に登録するためには、もっと大きな視点と目標を持った、強い意志と高度の仕掛けが、必要なのです。

今回の文化遺産登録への取り組みは、富士山を自然遺産として登録できなかったから、次は文化遺産に挑戦するということではありません。富士山は、日本で最初の特別名勝であり、文化財です。五合目から上の山体すべてが、法隆寺や東大寺と同じような国宝級の文化財なのです。

この事実関係を知る日本人は、少ないと思います。独立峰としての類い稀な景観を持ち、登拝信仰の聖山として多くの日本人に崇められ、愛された山、それが富士山です。今回、文化的景観という新たな価値評価のカテゴリーを根拠として富士山をとらえなおし、登録のための作業指針に準拠した資料収集と評価作業を進めていきます。

文化遺産登録の意義は、持続可能な富士山の自然保全の管理基本計画の策定、文化遺産登録を契機とした一元管理の体制づくり、新たなゾーン設定により環境破壊に対してある程度の抑制効果が期待できること、さらに、環境と観光の共生関係の構築などにあります。

これからは、地元での運動が中心となり、さらに大きな障害が運動の推進に立ちはだかると思います。しかし、文化遺産登録へのハードルを越えることは、硬直化した行政システムの改革に連動しており、国家再生への新たなる視点からの挑戦だとも考えています。

富士山再生へのプロセスは、私が、三島で培ってきたグラウンドワーク手法の広域型でもあります。パートナーシップの合言葉のもと、国民運動の観点から、市民・NPO・行政・企業との有機的な新たなる関係構築に努力していく。この成果が、富士山の文化遺産登録への早道です。

七　世界文化遺産登録への課題

富士山は、昔から「聖山」と崇められ、登拝信仰（富士講・浅間信仰）の本山であり、いまでも多くの信者が全国各地から集まり、「懺悔懺悔、六根清浄」を唱えながら登山する「信仰の山」になっています。

また、日量四五〇万トンもの地下水が、富士山周辺に点在する静岡県清水町の柿田川や三島市の楽寿園小浜池、富士宮市の富士浅間大社湧玉池や白糸の滝などに豊富に湧き出し、地域経済に恵みをもたらす「水の山」でもあります。

さらに、貴重で多様な動植物も多数生息しており、鳥類は日本の三〇％・一〇〇種類以上が生息する「自然の宝庫」なのです。

しかし、富士山を訪れる年間の観光客は、周辺に三千万人、山梨県と静岡県の五合目には二四〇万人、山頂には二五〜三〇万人となっており、世界最大の「山岳観光地」です。一九六四年に建設された富士山スバルラインなどによって、富士山五合目までの車両の乗り入れが可能となり、大量の観光客が気軽に訪れることができる「観光の山」に変身してしまったのです。

そのために富士山には、日本中で発生している多種多様な環境問題が凝縮することになり、大きな問題となっています。具体的な問題としては、登山者によるゴミの放置、し尿の垂れ流し、富士山麓における産業廃棄物の不法放棄の増大、地下水の減少、水質の悪化、放置森林の増大、貴重植物の盗伐、温暖化による雪崩の多発化、景観破壊、山麓開発の進行などがあり、それらが複合的・重層的に絡み合い、抜本的な解決の糸口が見つからない、傷ついた「満身創痍の山」になっています。

このような厳しい環境問題が進行するなかで、現在までに多くの環境NPOや山小屋、行政、関係機関などが、その解決に努力してきました。その結果、し尿問題については、すべての山小屋にバイオトイレが導入され、劇的に改善されました。また、登山者によるゴミの放置も、モラルの向上と環境NPOによる地道な清掃活動などによって、いまではゴミはほとんど落ちていません。

さらに、山麓部での産業廃棄物の不法投棄についても、監視カメラの導入やヘリコプターによる空中からの監視などにより減少しています。まさに、富士山は、一歩ずつではありますが、本来の清楚で美しい姿を取り戻しつつあるといえます。

このようななかで、二〇〇七年二月に富士山は、日本における「世界文化遺産」としての暫定リストへの掲載が決定しました。そして、七月にニュージーランドで開催されたユネスコ世界遺産委員会によって、正式に暫定リストへの掲載が国際的に認められました。これによって、富士山は世界の富士としての位置づけとなり、日本の宝から世界の宝としてのより以上に厳しい国際基準に見合った評価と監視を受けることになりました。

しかし、これはあくまでも暫定リストに、その他の国内三候補地とともに掲載されたというに過ぎず、正式に登録されるものではありません。今後は、ユネスコの諮問《しもん》機関が現地や学術的文献の調査を行い、最終的に決定されます。今後、自然遺産地区との交互の申請が行われることから、富士山は、平泉中尊寺、鎌倉、彦根城に次ぐ順番になると想定されます。そうであれば、登録は早くても七年先の二〇一四年、常識的には一〇年先になるのではないかと思います。

二〇〇七年四月一五日の静岡新聞では、今夏の世界文化遺産登録をめざしている「石見銀山遺跡」が、ユネスコの諮問機関（国際記念物遺跡会議・イコモス）より、景観上の課題や遺産価値の不透明など、多数の課題を指摘され、登録の延期も危惧される事態となっていると報じました。二〇〇九年時点で八九〇件（文化遺産六八九件、自然遺産一七六件、複合遺産二五件）もの世界遺産を抱え、今後、新規登録を抑制したいと考えているユネスコ側の事情が、厳しい審査の背景にあるのではないかと考えられています。

富士山は、確かに、世界中の誰もが認める素晴らしい山だと思います。しかし、このような抽象的で情緒的な評価では、世界文化遺産としての最終的な登録は難しいのです。世界のなかで、秀でた、類いまれな希有な存在としての学術的な価値が証明・実証されなくては、類似の他地区との差別化には勝てないのです。

また、その価値を永遠に保全していく意思と姿勢を表明するための国家的な「覚悟の証」といえる、富士山全域を覆う、厳しい「管理基本計画」の策定も、強く求められることになります。このことは具体的には、どんなことを意味しているのでしょうか。たとえば、富士山の美しき景観を阻害する煙突や高層ビルなどには、色調などの制限や撤去などの条件が課せられる可能性も考えられます。

前にも述べたように、一九九四年にも「世界自然遺産登録」への国民運動が展開されました。しかし、国はユネスコへの申請を断念した経緯があります。断念の理由は、ゴミやし尿の問題があったためだと言われていますが、実際は抜本的・総合的な問題解決の見通しが立たなかったためだと私は考えています。すなわち、ユネスコの登録へのハードルが、予想以上に困難で厳しい内容であったので権利調整が不可能だ、と国が判断したためだと考えています。

それでは富士山が今後、問題なく世界文化遺産に登録されるためにクリアしておかなければならない事項には、どのようなものがあるのでしょうか。私なりに考えた、事前に解決しておかなくてはならない項目をあげてみます。

①管理の一元化（責任者の明確化）、②長期的・総合的な管理基本計画の策定（開発・利用の抑止対策の確立）、③学術的・専門的な資源調査と評価の差別化（文化・自然遺産の普遍的価値の調査研究）、④ゴミや産廃問題解決の具体策の確定、⑤富士山再生の恒久的基金の創設、⑥ＮＰＯとの協働関係の構築、⑦その他（富士山の保護範囲、コア・バッファーゾーンの確定、防衛省施設との調整）など、課題は山積みです。

世界遺産登録の目的は、「開発の抑止」であり、利害関係者には多くの制約が新たに付加されています。世界の宝物としての評価を受ける代償として、国際基準による大変に厳しいセーフティーネットが、富士山周辺に覆われることになるのです。

登録されることを優先した、「器・形」を創る運動が先行するなかで、五〇年先一〇〇年先の富士山を、どのような保全対策によって守っていくのかを考えることが重要になるのです。そのためには、市民・ＮＰＯ・行政・企業・専門家など、さまざまな分野から多くの関係者が集まり、議論・検討していくことが求められており、まずは地域住民や利害関係者の合意形成が先決です。

いま、行政先行・依存型から市民主導型の登録運動への切替えが、強く必要とされており、私も、グラウンドワーク三島の活動の一環として、母なる富士山の保全活動への積極的な参画とアプローチに、本年からは本格的に取り組みたいと考えています。

4 世界の「富士山」との連携

一　ニュージーランド「トンガリロ国立公園」

二〇〇一年一一月一七日からの九日間、自然の宝庫・ニュージーランドを訪問し、「トンガリロ」と「エグモンド」国立公園の自然保全の現状を見学しました。特に、トンガリロ国立公園は山容が富士山と酷似しており、世界遺産の「自然」と「文化」の二分野で登録された、世界で最初の「複合遺産」でもあることから、富士山が世界遺産になるための方向性を探る意味でも多くの先見的な示唆を得ることができました。

行政だけが先駆的な仕組みや法整備を進めるのではなくて、ＮＰＯ・企業・専門家・地方議会などとの徹底した議論や情報公開、協働体制の整備など、環境は国民全体の財産であり、その環境管理・経費は国民が等しく責任分担すべきものだ」との考え方が常識化しています。

特に自然保護政策として印象に残ったこととしては、まず、自然保護省（DOC）が、開発行為や国立公園の保護に関する事柄に対して「一元的管理」をしていることです。観光行政との連絡調整も密で、さまざまな情報が集約・整理され、整合性がとれています。責任の所在が明確化されて処理も迅速で効率的です。また、保護区域内の個人財産権について環境保護を優先させるための規制ができあがっており、制約・拘束できる「資源管理法」という法律があり、地方議会の了解が取れれば土地所有者の意向は、二次的な要因に過ぎなくなってしまいます。

次に驚いたのは、国立公園の管理指針・基準となる一〇年計画の「管理基本計画書」が策定されていることでした。DOCとNPO、専門家らがつくったものであり、これによって、長・中・短期の保全計画（予算、規制内容、責任分担、生態系や環境改善の再生目標など）ができあがっています。誰もが国立公園の保全管理の情報を簡単に手に入れることができるのです。

富士山を考えると、林野庁、文化庁、環境省、県、市町村などが、それぞれに保全計画を策定して、保護区域や個別の事業を実施するなど、担当部局ごとに対応しており、バラバラな状態が現実の姿です。全体を統一し、相互の整合性を図り、地域住民の合意を得て、NPOや専門家が入って情報を集積・策定した「管理基本計画書」は存在しません。

さらには、トンガリロとエグモンドでは、管理の資金調達の方法も画期的です。たとえば、トンガリロ国立公園（面積八万ヘクタール）では、年間の管理費の半分は国の補助金でまかないますが、残りはDOCが自前で稼ぐシステムができあがっています。山小屋の収益や旅行者からの利用税・入山料の徴収など、管理責任者自身も知恵を出し合い、自主財源を確保しています。

また、日本では考えられないこととして、環境NPOが、この資金調達の応援団となり、独自に資金確保を進め、DOCに資金提供しているのです。施設の維持管理支援ボランティアの存在やDOC内にNPOの事務所があることなど、NPOとの信頼・協働関係が定着していると感じました。

日本ではNPOとの連携・協働の必要性は声高に叫ばれるものの、現実的にはその具体的な仕組みはありません。NPOとの連携による知恵の結集・思いの集積、行動の誘発など、新たなる柔軟性に富んだ政策立案と発想の転換が求められています。

いま、ニュージーランドで学んだ情報をヒントにして、富士山を世界遺産にするために必要な政策を提言するなら、開発と保全の調和を図る「総合的環境保全プランの策定」、「仲介役的NPOとの育成と連携支援」、官民協働の「保全委員会の設立」、省庁の枠を超えた「総合管理組織の設立」、「富士山環境基金の創設」などがあげられるでしょう。

世界遺産にかかわる海外の方々は、自分たちの山や環境に強いこだわりの気持ちと誇りを持っています。世界遺産への登録は、「過去の価値の世界的評価」であり、「環境の保護・保全を国是とする国としての意思表明、世界へのアピール」が必須であることを感じました。

ここで、トンガリロ国立公園からのゲストの話をします。トンガリロ国立公園は、一九九〇年に自然遺産となり、一九九三年に世界で初めて、文化遺産のなかの「文化的景観」として登録されました。この公園の中心となるナウルホエ山は、富士山と山容が酷似しており、マオリ人にとっては文化的・宗教的に大変重要な山であり、人と自然の両者を精神的に結びつけている大切な山です。彼らは、この山の文化遺産登録に強い執念を燃やし、一回目は登録却下となりながら、三年もの歳月をかけて登録を勝ち取ったのです。

一般的に、文化遺産とは、建築物や構造物など形が残っているものについて、その価値を評価するものですが、トンガリロ国立公園には、山体だけが存在して、歴史的な建造物などはありません。しかし、マオリ人は、宗教的・精神的意味と価値にこだわり、文化遺産としての登録をめざし、その意味と価値を証明するために膨大な基礎資料を国内外から収集してまとめ、ユネスコの審査員に説明したのです。

マオリ族遺産保護官のジム・マニアポト氏は、富士山の現地視察時、食事のあとに、「富士山の全容が見える高台において、富士山に語りかけ、山の息遣いや言葉を聞く時間がほしい。私はトンガリロで常にこのお祈りを行っている。この行為により、心が落ち着き、山の神に対する感謝と自然への畏敬の気持ちが深まるのだ」と話していました。山は体の一部であり、道徳心や倫理感、すべてが山への祈りの心から発信していることを実感しました。

トンガリロが評価されることは、マオリ人、ニュージーランド人が評価されることと同じなのです。そこに住む人々の精神と行動の裏返しが、山の神髄であり、実態なのです。山の環境が傷んでいるとしたら、それは人間の山の神に対する冒瀆であり、道徳心のない人間の行為として蔑まれるのです。

トンガリロ国立公園は、「関連する景観」として登録されており、これは「物理的な文化証言がごく少ないか、または皆無である場合には、むしろ自然要素によって、宗教的、芸術的、文化的に強力な関係を持つことがある。そのために、世界遺産リストに登録する景観として認められるものを含む」に該当しています。

世界遺産登録を審査する立場のユネスコ・環境科学局のトーマス・シャーフ氏からは、世界遺産とは何かについてアメリカの事例や世界遺産会議での議論などについて、中立的な立場を超えた本音での意見を聞くことができました。「富士山は登録申請してしかるべき山であり、文化遺産としての登録は可能だろう、自然遺産でも登録の可能性は高いのではないか」と元気の出る励ましのメッセージをいただきました。

さらに環境を保全していくための先駆的なノウハウを学ぶこともできました。管理区域に関わるすべての環境情報が完全に「データベースとして把握」され、「管理の一元化」も行われていることです。今後、一〇年間にわたる「管理計画書」もNPOや専門家との協働作業により作成されており、地域住民・行政・企業などの「役割や義務も明文化」されています。また、「環境保全のための法律的な規制や罰則」も厳しく、一定の制限のなかでの環境保全策が推進されているのです。

富士山クラブの活動範囲は、グローバルになってきました。トンガリロとは「姉妹山提携を行い、今年、富士山頂でアメリカのシアトルにあるレーニア山（タコマ富士）もまじえて提携の調印式を行おう。管理のマネジメントも現地で指導します」と積極的な支援のメッセージをいただきました。

二　アメリカ「マウント・レーニア国立公園」

二〇〇五年四月二七日から五月四日までの八日間、アメリカのシアトルを視察訪問しました。シアトルは、カナダと国境を接するワシントン州にあり「エメラルド・シティ」の愛称を持ち、アメリカのなかでも最も暮らしてみたい憧れの都市として有名です。

視察訪問のメンバーは私を含めて五名です。メンバーは、富士山クラブの活動内容の説明やシアトルでの調査事項の整理分析、録音録画などそれぞれに役割を担い、富士山クラブの紹介と広報を展開していきたいと意気込んでいました。かなりの経費負担を個人に依存しており、訪問メンバーの支援と理解については、頭が下がる思いです。

今回の訪問の最大の目的は、お互いに山容が酷似している富士山とシアトルのレーニア山との間で「姉妹山提携」の可能性を探ることでした。また「富士山再生キャンペーン」や「富士山クラブ・アメリカ支部設立」の実現性についても協働で活動することを打診しました。

視察研修の総括的な感想としては、日系人の人たちは、「タコマ富士（マウント・レーニア山）」を通して、日本に対して強い郷愁の思いを抱いていることを感じました。富士山と山容が似たタコマ富士を眺め、異国の地で逆境と戦いながら、いまの生活を築いていったのです。タコマ富士は、彼らの原動力、精神的バックボーンとなっているのです。

第二次大戦中、シアトル周辺の日本人は、シアトルから七〇キロメートルほど離れたタコマ市付近に建設された収容所に収容され、不安な日々を過ごしました。子どもたちの安否を思う不安な気持ちを抱きながら、目の前には、富士山に山容と雰囲気が酷似したレーニア山が望まれたのです。人々は、このレーニア山を目前に見て、皮肉な現実を嘆くとともに、まるで日本にいるような錯覚に陥るほど富士山と似たタコマ富士を仰ぎ、元気づけられたのだと思います。

このようななかで今回、驚くべき情報を得ました。西本願寺シアトル別院において、日系人を対象とした富士山の環境についての講演会を開催したときに、参加者のなかから突然「私たちの祖先が贈ったレーニア山の山頂の石はどうなっているのか」という質問を受けたのです。富士山に関わることだったら大抵のことは知っているつもりだった自分にとって、この話は初めて聞いたことで動揺しました。さらに、本当にこの石が存在しているのか心配になり、日本に帰って調査を行いました。

この石の交換の経緯はこうです。一九三一年のマウント・レーニア国立公園長官トムリンソン氏と、日本の内務省から国立公園調査を委託された岸衛代議士との会見を契機に、富士山の石とレーニア山の石を交換しようとする企画が持ち上がりました。一九三五年一〇月二三日、マウント・レーニア国立公園内パラダイスバレーにてセレモニーが行われ、レーニア山山頂で採取された石（黒っぽい玄武岩質の溶岩）が、マウント・レーニア国立公園長官オーウェン・トムリンソン氏から、シアトル日本領事岡本一作氏に贈られました。そして、レーニア山の石は、日本郵船・平安丸にてシアトルから横浜まで運ばれ、一九三五年一一月八日に平安丸船長室にて国立公園協会常務理事の田村剛氏に渡されたのです。

レーニア山の石は、アラスカシダーというレーニア山の植物限界に生育している木で作られた箱に入れられ、その蓋の裏の両側には、日英表記で次のように記されていました。

友情と敬愛の表象　アメリカのレーニア山より日本の富士山へ

この石はレーニア国立公園のレーニア山の山頂（海抜四四〇八ｍ）から採取したもので、アメリカ合衆国内務省国立公園局より日本の富士山箱根国立公園並びに内務省内国立公園協会に寄贈されたものであります。

一九三五年九月

この贈り物に対して、日本側も国立公園協会の命で加藤氏と千家氏を富士山山頂に派遣して、富士山の石を採取したのです。そして、一九三六年四月三〇日、アメリカ大使館にて、富士山の石が国立公園協会長細川公爵と内務省狭間衛生局長から、アメリカ合衆国大使ジョセフ・グルー氏に贈られ、一九三六年七月三〇日富士山の石がマウント・レーニア国立公園に渡されました。

こうして、日本とアメリカの友情と敬愛の絆として、二つの石が太平洋を越えて交換されたのです。その後、一九四〇年、富士山に贈られたレーニア山の石は落雷による旧厚生省の火災により焼失してしまいましたが、一九五二年再びレーニア山より石が贈られ、その石は、現在、山梨県立富士山ビジターセンターで見ることができます。また、マウント・レーニア国立公園に贈られた富士山の石は、同国立公園の本部事務所の玄関横に大切に保存されています。

富士山の石は山桜で作られた箱に入れられ、その箱に日英表記で以下のような文章がつけられています。

友情と敬意に應えて　富士山より太平洋を距てて聳立《しょうりつ》するレーニア山へ

富士山クラブでは、世界ふるさと富士山サミットを契機として、アメリカ側にお願いして、レーニア国立公園に贈呈した富士山の石を日本に持ち帰ってきてもらいました。今回、六八年ぶりに、会場入口に二つの石が陳列され、「絆の再確認」を行うことができました。

今後、相互交換から七五年目となる二〇一〇年には、富士山とレーニア山双方の山頂において、現実的に相互の石の山頂設置という交流事業を行いたいと考えています。このイベントを通して、環境先進地レーニア山の環境保全対策を学ぶとともに、環境悪化に悩む富士山の現状打破のきっかけづくり、活動発展の決意の証となればと期待しています。

三　アメリカ「オリンピック国立公園」

シアトルから車で約四時間ほど走ると、シアトルと太平洋の間に横たわるオリンピック連山(最高峰オリンポス山・標高二四二八メートル)が見えてきます。ここは、自然遺産に登録されています。海からの湿った風が山々にぶつかり、半島西側に大量の雨(年間三〇〇〇〜四二〇〇ミリメートル・東京の三倍)を降らせ、高緯度としては珍しい「原生の熱帯雨林が凝縮」している地域です。

公園は、オリンピック半島の中央部に位置し、国道一〇一号線を走り、ポート・エンジェルスを経由してハリケーン・ロッジに向かいました。つづらおりの道程を標高一五〇〇メートルのハリケーン・ロッジまでオリンピック連山を望みながら進みました。景色は、新緑の原生林の山並みとあいまって、氷河をいただくオリンピック連山が白く連なり、素晴らしいものでした。入口部やロッジにあるビジターセンターでは、レインジャーが常駐しており、国立公園内の自然的価値について専門的な情報を提供してくれました。とにかく、国立公園として政府が責任を持って、見事に管理しているなと感じました。

国立公園内の環境、生態情報など資料的なテキストが充実し、専門家を含めて十分な調査研究が進められており、かつ、それを行政情報として閉鎖してしまうのではなく、一般市民にわかりやすく情報提供している仕組みも感じられました。

5

NPOができること

一　NPOの組織とは

NPO事務局にとって大切なことは、事務局員一人一人が「創造者・開拓者」であることです。給料をもらっているだけの意識では組織が間違いなく衰退します。堂々たる信念と自信がなくては、革新的で創造的なNPOの戦略を創り出すことはできないのです。職員の奮起を期待して、私が考える「NPO職員としての基本的知識」について概要を紹介します。

NPO（Non Profit Organization）とは、「民間非営利組織」と訳されます。まず、大切なことは、「民間」という言葉です。役所や企業が恣意的に創った御用・利権の組織ではないということです。市民自らの発意による理念がベースにないとNPOとはいえません。行政や企業の限界を超えた役割を果たそうとする大志が、設立の根底に備わっていなくてはなりません。これこそが「NPOの強み・特性」といえます。

富士山において取り組んだ、バイオトイレ設置に関わる事例を考えてみます。補助金に一切頼らず、二一〇〇万円もの経費を助成金や募金で捻出し、二六〇〇人もの市民や企業ボランティアの支援を受けて実証実験を成功させました。自分たちで考え、解決していこうとする実践・現場主義が、「NPOの神髄・真価」といえるでしょう。

市民・企業・NPOなど多くのセクターが結集すれば、困難と思われる事柄に対しても解決の道筋が見出せると思います。横のネットワークに裏づけされた「複雑性のパワー」を上手に紡ぎ、成果に転換していくのが、NPOの実力であり能力です。市民の発意に確信を持ち、堂々と行動することが大切です。

次に、NPOは「組織」です。市民活動組織は資金・人材面で、情熱的なリーダーに依存しているケースがほとんどです。しかも、この実態を誰もが不安視していますが、抜本的な解決方法を見出せずにいるのが現実の姿です。善意に支えられた集団から脱却できないのです。そのために、活動に主眼を置き、組織体制の整備や強化、人材育成など、当然整備しなくてはならない基本的な事柄を見て見ぬふりをせざるを得ません。物事を実現することに重点を置き、成果をどう評価し、今後の活動に活かしていくのか、先々を見通した戦略性が備わっていないのです。

活動することは大切なことです。しかし、次の展開を考えずに行動することは、行政が建物・土建・補助金で失敗してきたこととまったく同じです。いままでの手法では、膨大な借金だけが残り、新たな社会システムを構築していくための意識改革の手法や方向性を見出せません。

NPOは、まさに「市民企業」なのです。収入と支出が自己完結し、システム化していなくてはなりません。事務所を持ち、専属の職員が存在し、持続的で均一なサービスが提供できる専門性が求められます。事故などのリスクに対しても適切な処理ができなくてはなりません。ボランティアの活性化や市民サービスの提供が仕事の「会社」なのです。

資金調達にアンバランスが発生すれば、職員は解雇されるか減給されます。倒産や組織解散もありうるのです。理事は会社の役員であり、赤字が発生すれば理事責任で協同負担も起きえます。一部の役員の情熱的な思いだけでは、成り立たない厳しい組織なのです。

職員は、常にこの事実を認識し「組織の歯車ではなく、推進力・エンジン」として、個性的な力を発揮していかなくてはなりません。

二　ＮＰＯは自由闊達な組織だ

ＮＰＯはある意味で「いい加減の要素」が重要です。このいい加減という言葉に、私は大いなる創造力が湧いてきます。いい加減であるということは、「自由であるということ」であり、「自由＝創造力」、「自由＝ファジー」と連動しています。

また、このいい加減とは「パンツのゴム理論」だと解釈しています。強いゴムだと一見安心して寝られますが、時間の経過とともに、次第に締め付けられ、息苦しくなります。結果的には、精神的にも肉体的にも疲れ果ててしまいます。安心感はあるけれど、何となく落ちつかない。この状態が、企業や行政など、既存「組織の縮図」と言えます。

組織には、明確な規範やルールが決まっています。それに従えば安心して生活していけます。ルールに従っていればあまり問題が起きません。皆が右と言えば右でいいのです。しかし、組織のなかに安住の地を求め過ぎると、個人の特性や個性・魂が奪われていきます。知らないうちに組織の常識に甘え、いつしか自分自身を見失ってしまう危険性が内在しています。

ゆったりとしたパンツのゴムは、スリルとサスペンスに満ちています。ゆったりと眠れるが、常にずり落ちるリスクを抱えているのです。だから、日常生活が緊張感に溢れ、主体的な問題意識と独自の行動が必要とされます。自己責任と自己規律が醸成されていくのです。主体性と自発性の意識がめばえる世界であり、そして、常に、自分というものを忘れない世界です。

ひるがって、いまの日本の社会情勢を考えたとき、どうなっているでしょうか。一般的に日本は、組織防衛の仕組みが強固であり、組織のなかに人々を拘束しようとします。一般的な社会構図は、いわゆる中央集権のルールが典型的であり、均一・均質の価値観のなかに、さまざまな人々の考え方や発想・行動を押しこめてしまう習性を内蔵しています。よく言われる「縦の社会の構図」です。「情報・権限・お金」など、いろいろなものが、すべて上から下に下りてくるのです。大人というものは、常に上を向いて歩いています。ところが、ＮＰＯの世界の人々は、常に下と横を向いて歩いていると言えます。みんな同じように上を向いている一般社会の価値観や常識を超越している世界なのです。

私自身は、既存社会の規範や価値観を破壊したい、ボトムダウンの社会を、下から上に上がっていく社会（ボトムアップの社会）に変革したいと強く考えています。その考えを実現するためには、いままでの常識や規範では、通用しないと考えています。今の社会は、一見安定しているように見える社会ですが、現実と実態は、大変不安定で混沌とした状況です。

現在、証券会社や銀行など超一流といわれていた会社が、次々と倒産しています。優秀な経営者たちは、実は事前にその兆候と危機的状態に気づいていたはずです。しかし、誰も責任ある抜本的な改革を進めず、他人任せのパラサイト状態だったと思います。「誰かがやってくれるだろう」と、他人依存の姿勢を貫いていたのです。いわゆる死んだふり状態です。

その状況において、個人としての確固たる信念と問題意識、価値観、主体性、自己責任を、明確に持っていられるかどうかが重要です。タイトに、そして、ファジーに持っていられるのか、ぶれない潜在意識として持っていられるのかが、非常に重要になってきます。それらを身につけるための学習の場が、一体どこにあるのかということを考えてもらいたいと思います。その潜在意識が、いつ出てくるのかが重要なのです。いろいろなことに追い詰められたり、感性にマッチすると突然と出てくるものでもあります。

この潜在意識を醸成しておくことは、ものすごく大切なことです。学校のなかでは、たぶんこの勉強はできないと思います。これを学べるのが「NPOの世界」です。「呑気でポーッとしたおじさんとおばさん」の世界なのです。ポーッとしていていいんだ。ポーッとしていながら、潜在意識は活発に働いている。そんな潜在意識をみなさんに育成していただきたいのです。

この潜在意識は、感性とすごくマッチしています。感性というものは、他人からはなかなか教われない。感性というものは、「自己研鑽」し「習得」するものです。会社や役所では、既存の価値観やルールが前提となっており、感性に訴えるような感動的で衝撃的な出来事は、ほとんど体験できません。安心感と安定感はあるが、個人の個性とか能力を十分に発揮できるところではありません。

しかし、NPOの世界は、人間社会の醍醐味や複雑性、多彩性を味わい、学習できる「人生のディズニーランド」、「大人の学校」です。NPOの世界に入ると、ある意味で多様な価値観と戦わなければなりません。皆さんは、どんな方法で自分の考え方や理想を、他人に理解してもらうのか、これが大変難しいことです。この能力や判断力が、市民運動の資質として必要不可欠な要素でもあるのです。

役所の特性は、中立性と均一性、平等性であり、何かにつけて変化の少ない非常に常識的な組織です。しかし、私が役所にいたときは、自分の意志や個性を主張し、ある程度自由に物事に対応してきました。私のように自由に生きていこうとすると、ある意味では、ものすごいプレッシャーがかかり、怖いことになります。この怖さに対して、強靭な意志で跳ね返す反発力を持っていないと、外部・内部からの陰湿な反撃に負けてしまうことになります。

そういう点では自分というものを見失わないように動き、しっかりした意志をもっていなければなりません。人がやるより、三倍も四倍も努力しないと、自分の立場と主張が通らなくなり、必ず多くの批判を受け、足を引っ張られます。大事なのは倒されないように、きちんと自分の土俵に根を張ることです。

すなわち「公の領域」と「私の領域」を、それぞれ明確な信念と戦略をもって、自由に行ったり来たりする環境づくりと実力を身につけることです。「公という立場」と「私という立場」を双方大切にするとともに、ファジーで自由なゆとり空間といえる「第三の領域」も創っていただきたいと思います。自分というものをしっかりと持ち、いろいろな領域に行ったり来たりできる「ずるさ」を身につけていただきたいのです。

さて、故郷、地域、仲間という言葉は、総じて「環境と人間」を意味しています。私はいままでに、七つの市民団体の事務局長を歴任するなど、いろいろなところに居場所・立場を持っており、「人生の多様性」を楽しんでいます。仲間は多種多様であり、公務員はほとんどいませんが、商工業者などいろいろな人たちがいます。NPOの世界には、異質性、多彩性の個性と感性が必要です。まさに現状は、自分の夢の実現に向けて、エンジン全開で挑戦中・試行錯誤中の状態といえます。

一般的な社会は、均一化・統一化・硬直化しており、さまざまな人々の価値観が似通っています。だからこそ、変化のスピードが加速している時代のなかで、社会全体が萎縮し、社会的なサービスが行き届かない、隙間と歪みが充満しはじめています。

そういった既存の社会の常識を打破して、新しい社会システムを創っていくためには、全体が見通せる「総合力」、いろいろな物事をまとめられる「調整力」が求められています。人間一人一人が、「異質性を持っている、創造力を持っている、人と違った感性を持っている」、そういう人たちの存在が重要になってきています。異質で突飛な発想で物事を考え、処理できる資質と行動力が、人間の魅力や人格を育成していくのです。

いま、社会全体が激しく変化の方向に動いているなかで、皆さんに対して「今後の社会で、あなたがたはどんな役割を果たすのか」というメッセージが発信されています。一人一人の行動と心が変わらないと、社会や組織の変革はありえません。若き皆さんは、今後の日本を創っていく立役者・主体者ですから、人間としての多様性・柔軟性を学ぶための夢舞台を長い人生のなかで探して、挑戦していく勇気と行動力が求められています。

三　NPOの社会的役割とは

最近、NPOが、新聞やテレビでよく話題として取り上げられます。これは、「時代の何か」を「示唆・警鐘・主張」するメッセージです。「時代の何か」とは、「変化・変動・予兆」ということになります。時代が変わろうとする微振動が、いま起きはじめているのです。その変化の要因は、混沌とした日本の将来に対する人々の「不安」の潜在意識です。

一九八九年と二〇〇一年の名目GDPを比較すると、二〇〇一年のほうが大きくなっています。しかし、実質経済成長率は、一二年前四・九％だったものが、二〇〇一年は、一・九％です。財政規模は、六六兆円が八七兆円に増加していますが、このうち約三〇兆円が借金です。実は四五年前の東京オリンピックが開催された一九六四年は、国債依存度は〇％だったのです。それが四五年間で急激に増加しました。数年後には一〇〇〇兆円に近づくと思います。

国債依存度は二〇〇一年で三四％ですが、一二年前は一〇％です。借金しているということは、この利子を払い続けていかなくてはならないということです。また、一二年前の日本の国債残高は、二五四兆円でした。しかし、二〇〇一年には、借金の総額が六七五兆円に達し、実に一二年の間に四二一兆円も増加したのです。

政治家は景気がよくなれば問題は解決すると言っています。しかし景気がよくなると、金利が上昇することによって、利子も増えるわけです。日本は「借金の火だるま」状態に近づいています。日本という国から海外に資金が流れ、「日本売り」も加速しています。

GDP比の国債残高ですが、一二年前は六一％だったものが、二〇〇一年には一三五％になり、世界における日本という国の格付けも低くなっています。一〇〇％を超えた国が何をするかというと、これまで、ほとんどが戦争を起こし、貨幣の価値を下落させる「戦争インフラ」を誘導しています。日本も戦前、不景気になった時に戦争に突入していったわけで、世界のなかで日本はいつか戦争を起こすだろうと、危険視されている国なのです。

だから、皆さんは、社会の現実的な構図と日常生活の足元をよく認識する必要があります。「時代認識・社会認識の意識」が重要なのです。これからは、社会の実態をしっかりと認識することが、自分の社会的役割を知る意味でも大切なことです。GDP比が一〇〇％を超えたら、「国の基盤・骨格に亀裂」が入った危機的状態に陥っていることを認識してもらいたいのです。戦争を起こし、借金を棒引きにしてしまおうとする、身勝手な発想と論理が生まれてくる危険性もあるのです。

英国のサッチャー時代（一九七八年）やアメリカのレーガン時代（一九八一年）の両国の財政状態は、いまの日本の状況と酷似しています。そのなかで両国のリーダーが、国民に訴えたことは、「国が破産しかかっているという事実関係」と「パートナーシップの重要性」です。「行政、NPO、企業との対等性」や「市民の自己責任の重要性」を主張したのです。

今後、日本はますます国債の増発が続き、社会保障負担の増加や増税が現実化して、国民負担が累積的に加速します。現在、個人の収入のうち、約二六％が税金負担分です。今後、その負担率は確実に上昇していきます。たとえば、消費税を考えても、英国は一七％、アメリカは一五％です。先進国のほとんどが一〇％以上であり、将来的には日本も間違いなく、消費税が一五％台に近づくと思います。

人口が減る国というのは、世界で日本だけです。そうなると、税収の確保が難しくなり、対策として増税が強化されます。国家運営の手法が、国民負担の増加の仕組みしか考えられない国だったとしたら悲劇です。こんなシステムと知恵しか持ち合わせない日本において、若者たちの労働意欲が喚起されるでしょうか。

次第に日本の社会システムが、脆弱化しはじめています。市民が要求する公共的サービスが多様化・複雑化し、それに対応するために行政組織が、非常に肥大化してしまいました。たとえば、昔、千葉県の松戸市に「すぐやる課」がありました。その結果、市民が犬の糞の始末まで、行政に依頼するようになったのです。そんな過剰な行政サービスを進めたら、市民の自立性が育ちません。これでは、市民の行政への甘えと依存の気持ちを助長してしまいます。市民の主体性や自立性を奪ってきたのは、行政のサービスのあり方と対応姿勢だといえます。

役所は昔、組織がいまより小規模でしたが、サービスが多様化・過剰化して、どんどん巨大化していきました。そして、縦割りの仕組みをつくりあげていきました。縦割りの仕組みは、均一の価値感と硬直化した規則を優先する社会を意味しています。こういう社会の仕組みを、戦後つくってしまったのです。そして地方はこの原理原則に従い、国しか見なくなってしまったのです。

実はこの縦割りの社会は、ある意味で大変に居心地がいいのです。いままでの慣習と決まりが絶対的な前提条件であり、この慣習を曲げて革新的なことを実行することは、悪しき行為と見なされ、強烈な抵抗に遭遇するからです。

縦割りの社会は、人間が持っている多様な個性を、自由に表現・主張・実行しがたい世界です。横に穴が開いていないから、さまざまな情報や意志が、上から下にしか流れない、「上位下達」の仕組みになってしまっているのです。

そこで、市民たちは自分たちで独自のサービスを提供しようと、ＮＰＯの役割と機能のなかに、その解決の糸口を見出そうと試行錯誤しています。行政や企業とは違う、生活者の目線、要望に立った、現実的で効率的なきめの細い公益的サービスの提供システムづくりに挑戦しはじめています。福祉、環境保全、国際協力、災害、文化芸術、スポーツ振興など、その対象分野は多種多彩です。市民自身の発想と問題意識にもとづく、臨機応変の人間的な温かい市民サービスが、行政依存の意識を越え、全国各地で胎動しています。

行政の機能と意識の金属疲労と並行して、ＮＰＯの社会的役割と存在意義・意味が拡大していきます。今後は、それぞれのサービスの質と成果が、市民に比較・評価され、ますます相互の役割が明確化してくると思います。

また、日本社会の仕組みが硬直化し柔軟性を失っており、隙間がなくなって、時代が揺れる制度疲労が起きています。弱者にこの影響が現れます。弱者を救える国にならなければ、豊かな国とは言えません。弱い人たちが安心して暮らせる社会をつくる、あるいはそういうシステムを持っている国でなければ、真に豊かな国だとは言い難いと思います。

若者は、これからこの国を作り直していく主体者になるのです。そのためには、いまの日本の仕組みを変革しなくてはなりません。新しい制度を導入し、新しい勢力を作っていかなければいけないのです。

いまの日本に「自分が社会のなかで自己主張して、役割を果たせる場があるのでしょうか」。人間を社会のなかで活用していく場がない社会は、非常に不幸な社会です。ある一定の枠のなかでしか、自分を活かせない社会でもあるのです。原因はどこにあるのでしょうか。誰かがやってくれると思う気持ちが先行し、それぞれが自己責任を果たさないからだと思います。

人間一人一人には限界がありますが、小さなことでもいいからできることはやる、この意識が重要であり、この基本的な義務と責任を果たさないから、日本はいまみたいな弱々しい国になってしまったのです。いままさに、人間一人一人のライフスタイルのあり方にナイフの先を付きつけられていると考えています。

外国人が日本をどう見ているのかの具体的な話として、昔、富士山の世界遺産登録の運動を進めているおり、ユネスコの世界遺産登録委員会の女性が、私に対して、「あなたは何のために生きてきましたか」、「これから何のために生きていきますか」、「日本人の言う豊かさとは何を意味するのですか」と質問してきました。彼女の示唆したことは、日本人自身の「心と考え方が病んでいる」から、富士山の環境悪化が進行しているという警鐘だと思います。

また、日本は真に豊かな国だと評価することはとてもできません。日本のシンボルを汚し、傷つけている日本人が多く存在することは、富士山が「自然遺産・文化遺産」として登録されるにはふさわしくない、「恥ずかしい山」になっていることを示しています。日本はいま、世界中の人々から、「日本人とは何か」、その真価を試されている「遅進国」であるともいえるのです。

四　NPOは非営利組織

さらに、NPOは、「非営利」である必要があります。

NPOで最も重要なことは「自立・自律・自発」です。「自立」とは、活動の原資を自分たちの自助努力で稼ぎだしていくことです。「自律」とは、自分たちの行動に自己責任を持ち、間違いのない運営に努めることです。「自発」とは、自分たち自らの創意工夫がベースになっていることです。

NPOの理念を実現するためには、まず「資金循環のシステム」を整備することが前提となります。どんな高邁な理想を掲げても活動の原資が安定的に確保されなくては、活動自体がその場しのぎに終わってしまいます。

まずは、「営利活動ありき」です。公益性・公共性を前提としたNPO活動において、営利活動は間違いだと考える方々も多いと思います。しかし、活動を継続しながら、収益を生む仕組みを創る必要があります。この「資金循環のシステムづくり」が、いまのNPOに課せられた最大の課題といえるでしょう。

活動のなかでのさまざまな項目を分析することによって、収益を生み出すアイデアを考え出すのです。富士山クラブでは、講演会など人が集まる機会に募金箱を回し、善意の小銭を集めています。旅館、食堂、店舗、個人宅など、さまざまな場所に募金箱を置いてお金を集めています。また、富士山に関わる本やカレンダーなどの発行情報を聞きつければ、売上金の一部の寄付をお願いしています。

さらに重要なことは、営利活動に参画する関係者相互にメリットが生まれる仕組みを考え出すことです。これは、まさに「NPOビジネスプラン」、「NPOの営業力」の領域です。企業に対して、助成金、寄付金、賛助金を出してほしいとお願いするのではなく、どちらかというと委託、契約、広報宣伝、協賛事業を提案するのです。

NPO側も発想力や情報力・人的ネットワークの力を武器に、どんな仕掛けを提案できるかが試されています。日頃の活動のなかに、利益を生み出していくチャンスやネタが眠っていると考えるとワクワクします。このワクワク感がＮＰＯ活動の楽しみなのです。

他の地域の例を紹介します。たとえば、天竜市熊地区の「ＮＰＯ法人・夢未来くんま」では、そばや椎茸、味噌などを加工・販売し、女性の雇用の場を創設するとともに、その収益で「生きがいハウス・どっこい処」を運営し、地域福祉を充実させています。地場の産物が利益を生み出し、生き生きとした女性が地域で活躍しています。地域振興を旗頭に、売れば売るほど福祉が充実する「サービスと資金の循環」を創り出しているのです。

また、伊豆市では、営業不振となった国民宿舎を「ＮＰＯ法人・ワンデイワン」が営業譲渡を受けて経営しています。地域の企業人が経営ノウハウを結集し、赤字続きの国民宿舎を再生し「グリーンツーリズムの活動拠点」として利活用しはじめています。施設周辺の景観や自然環境、人的資源を最大限に活用しています。半年で黒字を出し、臨時雇用者も倍増しました。

富士山クラブでも取り組みを進めています。現在、ドコモ・システムズ株式会社と携帯電話とＧＰＳ装置を活用した「市民ゴミ監視システム」を実践しています。富士山山麓は不法投棄に悩まされ、多大な財政支出を強いられています。ここに、当クラブとドコモ・システムズ、行政との協働により、安価で効率的なゴミ監視網システムができあがれば、不法投棄が防止できます。環境悪化や地下水汚染は防止され、企業のビジネス・チャンスができ、行政費が節約となる、一石三鳥の「環境保全と資金の循環」システムが完成するのです。

営利活動はNPOにとって新たな活動領域であり、この内容を考え出すことは大変難しいことだと思います。しかし、この難題に挑戦しなくては組織の自立と持続は困難となります。発想の原点には、年齢や経験とは無関係の「総合的な人間力と創造力」が要求されます。自分の給与を上げたければ、その金額分自分で稼ぎだす積極的な気持ちが必要です。

営利活動で上げた収益は、一体どうなるのでしょうか。収益全体から人件費や固定費などを差し引いた分が、一般的には利益です。企業では利益分を株主や社員、関係者に「配当・分配」するか、何かのための予備費として蓄財します。しかし、NPOは、この利益を「新たな公益的・公共的サービス」として、「社会に還元」する義務を負っています。お金として社会に戻すのではなく、さらなる社会的・公益的なサービスとして地域や社会に還元するのです。このことは、はたしてどのような意味を持つのでしょうか。

富士山クラブではエコツアーの利益を、バイオトイレの実証実験の資金として活用しています。子どもたちに富士山の美しさを自然体験させることが、富士山のし尿問題解決のスピードアップに結びついています。行政の補助金に一方的に依存していたら、予算が削除されると、トイレ改良は遅々として進まないことになります。

ＮＰＯの職員は「民間非営利組織」の基本的な考え方を念頭に置き、新たなるシステムづくりへの気構えを持たなくてはなりません。ＮＰＯの挑戦は「時代の仕組み、将来への国づくりの方向性を発意する社会変革の活動」にほかならないのです。ＮＰＯ職員は、渦のど真ん中で仕掛け屋、コーディネーター、段取り屋、御用聞きとして、地道に活動していく責務を担っています。

五　ＮＰＯは市民起業

ＮＰＯは「市民起業」です。自分たちの創意工夫、創造力で業を起こしていく会社なのです。社会はますます複雑化・多様化していきます。人々の求めるものは多岐にわたり、きめ細かいサービスが求められていくでしょう。人間対人間のサービスは、安心できる最高のサービスとなります。

しかしこのサービスの提供には、能力を持った人材と膨大な時間が必要とされ、高いコストがかかります。行政や利潤優先の企業では、生活者や庶民に視点を置いた臨機応変で安価な人間味あふれたサービスの提供は難しいでしょう。

困った人を、元気な人が、支え・助け・励ますことができる社会システムの創設が求められています。この社会システムが「ＮＰＯ起業」の活動領域であり、ボランティア魂や滅私奉公に裏づけされた奉仕と善意のボランティア精神だけでは、支えきれない領域だと思うのです。そこには厳しい経済論理の現実があり、マネジメント能力が必要とされると思います。ＮＰＯはこの難題に挑戦し、さまざまなジャンルの成功事例を創り上げなくてはならないのです。

富士山クラブでたとえると、「エコツアー」と「もりの学校」（コラム参照）がＮＰＯ起業の事例といえるでしょう。この活動は、富士山の素晴らしさと環境破壊の進行について、多くの子どもたちに伝えています。富士山の環境問題の現実を体験させることで、実学の環境教育を行っているのです。富士山の舞台を知りつくした、富士山クラブならではの実践教育プログラムといえるでしょう。

エコツアーを企画運営することによって、旅行者やエージェントより実費弁済をいただき、この資金を富士山クラブの実践活動に振り向けています。また、インストラクターを養成し、より質の高いガイドができる仕組みづくりを進めています。さらに、自然に負荷をかけない秩序あるガイドを行うことによって、子どもたちに「自然保護・保全の意識」を教育しています。

また、ＮＰＯ夢債券を発行して資金確保を行い、廃校化した小学校を改修整備しました。いまでは、エコツアーの活動拠点として利活用されています。今後、自然体験・環境教育の拠点としての機能を高め、環境学習の場として活動資金を生み出す役割を担えると考えています。

「こうなればいい、ああなればいい、こんなものがほしい」と誰もが欲します。しかし、その希望や夢、サービスを創造していこうとする実践者は少ないのです。総論を叫ぶ人は多いけれど、自分は解決の当事者にはならない、ほとんどの人々が評論家なのです。

NPOは、「論を構築し、実践・行動により、その論を実証・実現する原動力・推進力」なのです。今後、どんな分野を抽出しても行政によるサービスは低下し、市民自らの自助努力なくしては社会は混乱するでしょう。

NPOは、まさに、その社会的混乱をビジネス・チャンスとしてとらえ、「資金循環・サービス循環を創造・開拓」しなくてはなりません。「ニッチ（隙間）産業」を起業できるかどうかが、NPO職員に問われています。

この分野は、ビジネスとしての新規の領域で、行政依存を脱却する次世代への「雇用機会の創設」でもあります。さまざまなサービスが創設されることによって、複雑な社会的需要に対応できる「新たなるセーフティーネット」が張り巡らされることとなり、より安全・安心な社会が創られていくのです。

六　ＮＰＯの理事会と事務局

理事会を開催するたびに感じることですが、理事は「企業経営者の視点」から「マネジメント重視の姿勢」をとっています。当然のことですが、どんな立派な事業でも「資金調達や中・長期の戦略性」が明確でない限り、事業としては認めがたいということになります。いままでの私は積極果敢な行動で、まずは前進あるのみの手法を押し通してきました。最終的に収支も取れ、事業や会員も拡大して社会的影響力もつけていくなど、よい結果を出してきました。要は「結果オーライの手法」だったのです。

このやり方は「スリルとサスペンスに富む」もので、自分自身の考え方で物事を進められます。しかし一方で、独り善がりの判断が生まれる危険性もあるのです。一人のリーダーに過大な負担がかかり、問題を共有できず人材育成がままならないというＮＰＯの悩みを聞き、私自身も反省しなくてはならないと感じています。

理事会の存在は、個人商店的なＮＰＯの独走を抑止するための防波堤です。ＮＰＯがボランティアの「活動体」から「組織体」に変質していくためには不可欠な存在だと思います。活動、経営戦略、資金計画などに対する理事からの指摘は、ＮＰＯにとってはうっとうしいものです。

しかし私は、理事会を年間に四、五回開催したいと考えています。組織の実態を素直に提示して、理事一人一人の指摘をいただこうと思っています。アメリカでは、事務局長も含め、組織の責任者はすべて、理事となっています。個人・公式のネットワークを活用して、所属するＮＰＯを全面的に支援しています。責任の共有こそが組織力の強化と拡大につながっているのです。

ある理事会では「富士山頂のバイオトイレ解体・搬出」と「もりの学校再生のためのＮＰＯ夢債券」に関わる資金調達の問題を提起しました。解決方法として会費未納者への対応と企業への事業提案を行うことが提起されました。

どれも大変難しい問題ですが、事務局としては対応方法を具体的に提示しなくてはなりません。ＮＰＯの職員は民間企業の職員と公益性の部分を除いて、まったく同じといえます。投げ掛けられた課題に対して、独自の対処方法を考え出し、行動をしなくてはなりません。うまくいかなかったら再度理事会を開催して、その問題を提起していけばよいのです。このプロセスが「ＮＰＯのノウハウと組織力」として蓄積され、事務局と理事との信頼関係が醸成されていくと思います。

また、富士山クラブでは月二回「事務局会議」を開催しています。静岡県三島市、山梨県富士河口湖町、東京都港区浜松町と三ヵ所に事務所が点在しており、それぞれ専属のスタッフが常駐していますが、相互の情報が分散してしまい、全体として何をしているのかわからなくなってしまう恐れがあります。そこで定期的に職員全員が三島本部に集合し、活動状況や今後の事業の段取りについて報告し、全体の活動を決定していくシステムをとっています。NPOは会社組織と同様の機能を有しており、この会議は「役員会・執行会議」といえるでしょう。

NPOには強烈な意志をもつリーダーが存在し、活動の戦略を独断的に決定していくケースが多いと思います。しかし、このスタイルでは職員の合議に基づく形態とはならず、潜在的な不満を助長することになるでしょう。それが、反発心を生み、活動を抑制する要因となっていくのです。この状況は組織崩壊の予兆であり、組織力の後退の始まりです。職員全体の信頼関係が未成熟のままで事態が進行すると、情報が特定の個人へ固定してしまう可能性があります。誰が何をしているのか組織全体で共有できなくなってしまいます。

私も多くのNPO組織を事務局長として運営させていただいています。小さな市民組織とはいえ、事務担当と役員との意思疎通に常に目配りしています。言葉遣いも一方的にならないように注意を払っています。NPO組織で最も大切にしなくてはならないのは、「横のネットワーク」の維持です。個人の意志と発想の自由が担保されていること、一方的・権力的な圧力で制約・抑制を受けないことが、参加の前提条件だと思います。

グラウンドワーク三島のように、スタッフのほとんどが無償のボランティアで支えられているNPOこそ、この条件が重要です。このポイントを外すと、組織内部で上下関係が発生し、間違いなく意思疎通の不整合と対立関係が生じます。

しかしグラウンドワーク三島では、いままでにこのような問題は発生していません。それは、スタッフの個人的な信頼関係ができあがっており、各人の個性、考え方などを評価できる豊かな人間関係が構築されているからだと思います。関わりあいのプロセスのなかで、個性を尊重し、組織の人的資源として活用していく「人間活用術」を会得しているといえます。個人の能力と個性の集合体が、NPOの組織力となり、多様な困難・障害を乗り越える爆発力へと成長していくのです。

いま、富士山クラブは多方面に活動を展開しており、全力疾走の状態です。職員が、自分の担当業務を処理するのに精一杯だと思います。しかし私流の考え方では、こんなドラマチックなNPOにおいて仕事ができることは贅沢なことだと思います。また、職員の身勝手な行動や独断的な判断もいけません。事務局会議の密度濃い議論と円滑な意思疎通の確立に向けて、今後とも風通しのよい人間関係の構築に努力していきたいと思っています。

七　ＮＰＯ事務局長奮闘記

私は、いろいろな人から「貴方の趣味や生きがいは何ですか」と聞かれた時に、「ＮＰＯの事務局長です」と答えています。実はこれまで九つのＮＰＯの事務局長を、その責任の度合いは別として担ってきましたし、現在も担っています。

そのＮＰＯ組織を列記すると、三島ゆうすい会、三島ホタルの会、源兵衛川《げんべえがわ》を愛する会、桜川を愛する会、グラウンドワーク三島（ＮＰＯ法人）、富士山クラブ（ＮＰＯ法人）、富士山エコネット（ＮＰＯ法人）、三島測候所を守る会、富士山測候所を活用する会（ＮＰＯ法人）などです。

なぜ、こんなに多くのＮＰＯの事務局長を担うことになってしまったのでしょうか。理由は簡単です。社会的、地域的な問題が発生し、その解決の方向性や処方箋が見出せず混沌とした状態に陥った時、行政や政治の力に安易に頼らず、「市民力」によって解決しようと、私自身が「発心」するためです。

とにかく私は、市民自身が先頭に立ち、自分たちの発意と行動・責任によって、時代の複雑な課題に創造的に取り組めば、いつかは難題も解決できるのだと強く考えている人間です。いままで、その考え方に率直に従い、課題解決の道具・手段として、多くのＮＰＯを組織化し、その事務局長を自らが先頭を切って担い、多様な活動を実践することによって、多くの成果を残してきたつもりです。

市民力によって諸課題を解決していくためには、その先導的なストーリーを発意し、戦略的な事業展開を演出できる、多様な能力を持った事務局長の存在が、成功要因の主要要素だと考えています。しかし、課題解決のためのプロセスには、重き十字架を背負うがごとき苦労を、他の人よりは頻繁に体験することになります。しかし、物事が実現した時の喜びと達成感は、すべての苦労を払拭するほどの素敵な感動と満足感を味わうことができ、何物にもかえがたい「人生の糧」へと発展していくのです。

私一人が、どんなに完璧な理論と解決のための筋書きを机上で描いても、それらを実現するためには、多種多様な人々の知恵と具体的な応援が必要です。活動の理念や趣旨に賛同してくれる多くの人々との信頼のネットワークが構築できなければ、地域問題にしろ、富士山の環境保全の問題にしろ、解決には至りません。

確かに事務局長には、カリスマ的な資質が必要不可欠かもしれません。しかし、その立場と特性に甘え、油断し、傲慢になり、本質的な自分を忘れると、支援者は離反し、組織は次第に脆弱化していきます。この組織の瓦解の推移を冷静に認識・分析し、常に反省・反復していき、是正のための布石や調整を行っていかなくてはなりません。それも、事務局長の重要な役割です。自分勝手な自由奔放な行動や考え方では、ＮＰＯの運営は最終的には上手くいかなくなると考えています。

このようにいろいろなことを考えていくと、事務局長は、実に割の合わない役割だともいえます。たとえば、私は、以前静岡県庁の職員でしたが、いまは大学に勤めていますから、当然、大学が生活の中心であり精神的な意味でもその存在は大きいです。

しかし、私の場合は、昼間の仕事が終わってから、いや並行して、昼間の仕事とほぼ同じ位の仕事量と役割、責務が、事務局長という立場ゆえに課せられています。当然、土・日曜日はＮＰＯ活動の予定で一杯になっています。平日の夜もほとんどが、地元や関係者との会議によって潰れてしまい、プライベートや家族への時間はまったくないといえます。

ところで、ＮＰＯの事務局長の立場には、民間会社なら、総務部長、常務取締役、会計・営業・事業担当課長などの多様な役割が、重層的・横断的に課せられています。当然、数人の事務局員も抱えていることから、彼らの人事管理や職員教育なども行わなくてはならず、これだけでも実社会では、ちゃんとした仕事です。

しかし私は、いま関係している、どのＮＰＯからも給与はもらっていないし、私の給与を支払うほどの資金力も現実的には備わっていません。私が蓄積した多くの知識や経験則、専門性は、すべて「無償の奉仕」によって提供されています。報酬に対するこだわりや執着の気持ちはありません。ただ、将来的には、労働内容に見合った給与・対価が支払えるようなＮＰＯ組織へと、成長していきたいと考えています。

事務局長という過酷な立場を支えている精神的な支柱は、やりがいや達成感です。お金だけの尺度では計り知れない、「心の元気の糧・給与」を与えてもらっているからできることです。

私の場合は、最初のＮＰＯの事務局長に就任してから、すでに二〇年の歳月が経過していま す。これまでの間、本当に、疲れず、飽きず、放り出さず、よく我慢してきたと思います。時々は、いろいろな問題が複雑に絡み合い、どう解決していいのかわからずに、悩み苦しんだ時期も多々経験しました。

しかし、現実的な解決方法として、目の前の問題から一つ一つ解決していくしかないと強く信じ、慌てず、騒がず、対応してきました。そこには、多くの相談者が存在し、真摯に悩みを聞いてもらい、その都度、適切、的確な助言と元気をいただいてきました。多彩な人々との「絆」の強さが「組織」の強さに連動して、多くの困難を乗り越えられる「忍耐力」を育成してくれたのです。誰かが、見ていてくれる、応援してくれている、自分の考えていることは間違いない、という確信が、持続可能な活動を支える原動力に変換しています。

いままで、実に多くの先駆け的な「ＮＰＯプロジェクト」を仕掛けてきました。

「三島ゆうすい会」では、県内最初の雨水浸透施設への補助制度の導入を成し遂げ、湧水保全の重要性と富士山に関する三島市民の関心を喚起しました。

「グラウンドワーク三島」では、日本で最初に英国のグラウンドワーク活動を導入し、市民・ＮＰＯ・行政・企業とのパートナーシップによる仕組みを創り、ゴミだらけだった源兵衛川にホタルが乱舞する水辺再生に取り組み、消滅した三島梅花藻《ばいかも》を復活させました。

「富士山クラブ」では、難題であったし尿問題を解決すべく、環境バイオトイレを富士山五合目と山頂に設置し、市民力と支援企業の専門性によって、行政に先駆けて、その有効性を実証しました。また、富士山ゴミマップの仕組みを考え出し、ゴミ放置の実態をインターネットによって全世界に発信し、新たな監視体制を構築しました。また、元足和田村内にあった廃校を、ＮＰＯ夢債券を発行して「もりの学校」として再生させました。

「三島測候所を守る会」では、歴史的・文化的な有形文化財である三島測候所を保全、活用するべく、地元町内会や市民との協働により、署名や募金運動を展開することによって守ることができました。

「富士山測候所を活用する会」では、気象観測施設としての使命が終わり、解体の危機にあった歴史的な測候所を、世界に開かれた極地高所科学研究拠点として活用すべく、国有財産法の貸付制度に公募することによって、国内で最初に二〇〇七年の夏からＮＰＯによる観測と管理運営に取り掛かることができる道筋をつくりました。

「富士山エコネット」では、富士山の自然環境を環境教育の実践の場として活用すべく、エコツアーを企画運営し、関西を中心に二万人規模の新たなるツアーや地域振興策を、仲間とともに展開してきました。

以上、ＮＰＯ組織の要である事務局長として、多様な「市民事業」に対して果敢に挑戦的に取り組んできました。今後とも、よりグローバルに、よりグローカルに取り組んでいきます。いま頭のなかには、カンボジアのアンコールワットやアメリカのマウント・レーニア国立公園への環境バイオトイレの設置計画があります。韓国との環境交流事業や国内でのバイカモネットワークの構築、ホームページからの富士山湧水マップの情報発信や三島めぐりまちナビへの取り組みなど、多様な事業構想が渦巻いています。事務局長奮闘記は今後も継続していき、そこから発生する課題や苦労も倍増するものと覚悟しています。

八　事務局長はＮＰＯの軟骨だ

「あなたの趣味は何ですか」と聞かれたら、「ＮＰＯの事務局長です」と答えます。とにかく、いままでに、数多くの任意団体・ＮＰＯ法人の事務局長を務めてきました。三島ゆうすい会から始まり、三島ホタルの会、源兵衛川を愛する会、桜川を愛する会、ＮＰＯ法人グラウンドワーク三島、ぐるっと富士山圏グラウンドワーク委員会、ＮＰＯ法人富士山クラブ、ＮＰＯ法人富士山エコネット、三島測候所を保存する会、ＮＰＯ法人富士山測候所を活用する会、スカンジナビア号トラストなど一一団体に及びます。

二〇年間にわたり、よく飽きずに、こんなに多種多様な市民団体の事務局長を担ってきたものだと思います。事務局長の役割は、多様にして深遠です。たとえば、組織の現状を的確に把握し、長期的視点に立った、戦略的で創造的な事業計画を立案していかなくてはなりません。また、多くの人材の個性や能力・専門性を引き出し、束ね、集団としての一体感と共有意識の醸成も仕掛けなくてはならないのです。

さらに、社会的な使命を果たすことを「大義・理念・目標」として、ＮＰＯの特性を活かした個性的で先進的な活動へと先導、誘導していかなくてはなりません。まさに、さまざまな課題や事象に対して、調整役・融合役として演出家的な役割を担うことになり、組織上の責任と位置付けは重大です。なのに、よくも懲りずに、ここまで事務局長を続けてこれたものだなあと、自分ながら呆れています。

時に、新聞やテレビなど、マスメディアへの露出度がおのずと高くなり、外部から、「渡辺事務局長一人が目立ち過ぎだ」との批判や中傷を受けることがあります。しかし、内部からは、そんな瑣末で下世話な批判は起こらないし、聞いたことも経験したこともありません。

この違いはどこに起因しているのでしょうか。理由は簡単です。これだけ多様で多彩な市民活動が実践されているのは、現地で活躍しているスタッフの地道な努力と、お互い同士の役割分担の明確化と人間的な信頼関係が、基本にあるからだと思います。仲間同士の大人性が「信頼の絆」を強固に支えています。自分が任せられた仕事、責務を、着実に具現化していく、大人のルールができあがっており、他人を批判することで自分を肯定する暇も意識もありません。

事務局長の役割としては、たとえば、グラウンドワーク三島においては、資金的な問題や総合的な調整ごとが発生すれば、問題を整理し、スタッフ会議やコアスタッフ会議に問題提起することによって全体の問題として方向性を共有し、解決方策を見つけ出してきました。

グラウンドワーク三島の場合、意見集約の段階において、事務局長だからといって、一方的に自分の意見を主張し、上位下達的にスタッフに対して、指示、命令するような、縦割りの仕組みにはなっていません。これまでに横の意思疎通の仕組みを創ってきたし、スタッフ同士は、組織内の責任の強弱に関わらず対等の立場として、真摯なる議論と意見集約を行ってきました。

事情がわからない人の意見であろうと、その場の思いつきであろうと、壮大な夢であろうと、やや無責任な意見であろうと、大いに議論することで、活動の的確性と緊急性を判断し、グラウンドワーク三島としての事業化や具現化を立案してきました。そのプロセスのなかで、当然、第一義的な協議提案の素案づくりは事務局長が担当しますが、あくまでも議論のたたき台であり、その事項をベースとして基本的な活動指針が決められていくことになります。

しかし、それは、議論の第一歩、序曲であり、グラウンドワーク三島の組織決定のすべてではありません。議論百出の経過のなかから、組織体として取り組むべき事業計画やアイデア、そして、それを具体化するための役割分担や資金調達などについての、総合的なマネジメントの策定が行われていきます。

この活動の方向性を決定する、全体的な流れの状況把握と澱みの調整・解消役が、事務局長の仕事といえます。あくまでも、大枠的な活動の「骨格」を創り、多くの人材を活用しての「肉付け」を演出していくものです。当然、常にお金のことを考えていなくてはなりません。資金は公益的な市民活動を持続可能にするための「燃料」だといえます。

私は、さまざまな分野の助成金の確保を、大変重要視しています。民間、国、県などは、金額も大きく、人件費の計上もできます。また最近は、グラウンドワーク三島の活動理念に合致した助成金も、多くなっています。目敏く情報をキャッチして、助成金の意向に振り回されず、NPOとしての本来の活動領域を担保できる事業内容を作成しなくてはなりません。この作業が意外と難しく、申請書の記載や表現の方法に、膨大な時間と神経を費やすことになります。

しかし、この努力は、NPOの夢を実現するための初歩的なハードルです。最近は助成金の競争率も高く、たとえば二〇〇六年度のグラウンドワーク三島は、連戦連敗が続きました。徹夜で書いたのに、また駄目だったのかと落胆することが多くありました。

常に、企業経営者的な組織運営の苦労や悩みが尽きません。こんなことを続けてきて、一九年目になります。しかし、何とかして対応できてきたし、何とかなってきました。お金がなくては、地域や社会を自分たちが理想とする姿に変革できません。しかし、お金が前提でもありません。まずは課題があり、その解決方策の議論があって、次に実現のためのあれこれの段階になります。お金を工面することは、段階の一部であり、助成金取得はその一部といえます。

多様な苦労と経験は、人を成長させますし、前向きな意識を鍛えます。事務局長は大変楽しいし、大変苦しいものです。光の部分と影の部分が集中するのが、事務局長の立場です。はやグラウンドワーク三島の事務局長を、一九年も担当していますので、そろそろ引退の時期なのかもしれません。しかし、私としては、まだまだ一〇年位は続けたいと希望しています。

今後、現代社会はますます歪み、現在の社会システムは限界をむかえることになるでしょう。NPOの存在が、ますます重要になっていくと思います。いままでの創世期の段階から、成長期、揺籃期へと移行するなかで、職人的な技と専門性をもつ事務局長の得意技が、さらに重宝・重要視され、活躍する場が増大すると予測しています。

私は、公務員とNPOの世界の二面性を知り尽くした、「現場からの老獪な知識」にさらに磨きをかけ、経験知と強靭な精神力を駆使して世の中のお役に立ちたいと考えています。市民として、まだまだやらなくてはならない、社会的、地域的、環境的、教育的な仕事が山積みだとの認識を持っているのです。それは、事務局長の立場でしかできないこともたくさん残されている、という「自負心」と「問題意識」に起因しているといえます。

NPOの世界には、いろいろな忍耐を経たあと自己実現と他己実現の夢舞台が用意されています。その夢を実現する中核的な存在としての事務局長の役割は、「無限」だと思います。未知なる人々とのさらなる人間ネットワークをグローバルな活動領域に拡大していきたいと考えています し、大学生など若者への情報・情熱伝達にも取り組みたいと意気込んでいます。

まさに、事務局長の役割とは、多種多様な問題や衝撃を緩和するNPO組織の「軟骨」のようなものだと考えています。NPOリーダーの情熱と持続と組織の発展を期待します。

九　NPOの事業と予算

三月になると、さまざまなNPO組織で理事会が開催されます。私自身もNPO法人・富士山クラブ、グラウンドワーク三島、任意団体・三島ゆうすい会などで理事会が開催され、一年中で一番忙しい月になります。

日頃は、活気に満ちた創造的な活動を展開しており、あまり雑事にとらわれない「攻めのNPO活動」は大変楽しく、躍動感や達成感に満ちあふれています。この楽しみがあるからこそ、細々した事務的な仕事に耐えられるのかもしれません。多くの仕事が集中するのは三月ですが、一年間の思考のプロセスを総括するなら、やはり、それぞれのタイミングで「いまはこうだが、次はどうすればよいのか」を試行錯誤しながら、物事を進めてきたように思います。「走りながら、迷いながら、いまの活動を進め、失敗や反省のなかから、より以上にステップアップした、次の戦略・戦術を組み立てていくものだ」と思います。

その集約と集中が、三月の時期に一気に押し寄せてきます。事業遂行の課題や反省点の抽出も含めて、より斬新で先進的な活動が組み立てられるかどうかの勝負の時期でもあります。年度の統括では次のようなことを検討します。

○事業総括　○会計の決算　○新たな事業計画の立案　○資金確保の目途
○本年度の成果を見定めた予算組み　○事業遂行のための人員確保と配置
○事務局体制の課題整理と再検討　○収支見込み　○会費納入の確認と督促
○新規会員確保の予測と対策　○職員給与の是非　○全体事業の課題抽出と分析・評価
○今後の修正反省事項の取りまとめ

NPO法人も、やや役所化してきているのかなとも思いますが、役所的・会社的な機能と要素を部分的に内包しているのがNPOだと思います。資金計画・人的計画・活動計画などの先行的な検討や総合的・長期的な視点の存在が、組織力の向上に連結し、足腰の強い活動・組織基盤を醸成していくのです。このめんどうくささを乗り越えられなくては、NPOの組織化、体制整備・強化はおぼつかないと思います。

楽しさや興奮を甘受しているだけでは、組織は成長しません。何にでも、「光と影」が存在します。本当にしっかりした組織は、影に重さと説得力があるのではないでしょうか。影を形成している実態がしっかりしていると、影は揺らぎません。

「集中と分散」の認識が大切です。ＮＰＯとして処理しなくてはならない何もかもが「集中」する三月に、しっかりとした議論・危機管理を行い、戦略を組み立て、一年間の活動という「分散」に臨みます。「集中」の時期の議論で得たベースが間違っていなければ、間違いは少ないと思います。集中と分散の微妙なバランスが、奇妙な安定感を形成していくのだと思います。

集中と分散のバランスを必ずしもうまくとることができないかもしれませんが、多くの人が結集するＮＰＯでは、人々の思考と価値観の多様性が、この隙間を埋め合わせてくれます。「支え合い・思い合い・助け合う絆の強さ」が、ＮＰＯの「柔軟性と汎用性・潜在力の強さ」に連動していくのだと考えています。弱くて何も知らないから、逆に強いかもしれないのです。何事にも恐れないずうずうしさ、追い詰められた手負いの獅子、これこそ、成長への可能性を秘めています。

この時期で最も大切なことは、この新たなる事業計画を誰がどのようにして立案していくのかだと思います。私自身も反省・自戒していることでもあるわけですが、多くの関係者による議論と情報の交換、情報の公開のプロセスが大切です。一部の幹部が、閉鎖的に組織の活動方向や具体的事業を独断的に決定してしまい、執行機関として事務局員に押しつけると、組織の意思と政策形成の過程が、縦割りで上意下達になってしまいます。

いままでの事業遂行上障害となった課題を遠慮なく出し合い、本音の議論を行います。ここでは、幹部だからとか事務局だからという上下関係は度外視しての、本音の議論が必要とされます。より発展的なＮＰＯ活動を推進していくためには、問題の共有と仲間意識の醸成が最も大切だと思います。この時点での検討・調整なくしては、組織基盤の強化につながっていきません。

組織内での悩みは成長のための「大切な糧」なのです。正直に組織の実態を支援者に報告し、犯人捜しではない議論ができる信頼関係の構築が求められているのです。頼られてこそ、支援者は自分の役割と責任を自覚・認識するのです。ＮＰＯ組織の理念に立ち返って、開放性と自由度に満ちあふれた意思決定の再編成なくしては、加速度的に組織の脆弱化と支援者の離反が発生すると思います。

私を含め、理事などのＮＰＯ役員の責任は、重いものです。理事は組織のお客様ではありません。定款上も、その責任と役割は重要な位置を占めています。理事それぞれの得意技とネットワークを駆使した、具体的な支援のあり方が求められているのです。役員の情熱や献身に一方的に依存するのではなく「相互補完・互助互恵の精神」による助け合いの仕組みづくりが、ＮＰＯの総合力につながっていきます。

事務局が正確な情報提供を行って基本的な方向性を理事に相談し、理事はできる範囲で支援の努力をする。富士山クラブも、理事、幹事、事務局間の支援と信頼のネットワークを、さらに強固にして、柔軟性に溢れた「市民組織」にしていきたいと考えています。

十　ＮＰＯの役割と課題

私はＮＰＯの役割と存在意義について、第三者に説明することが多いのですが、そのなかで、最近、ＮＰＯについて根本的な疑問を投げかけられることがあります。そこで、ＮＰＯ活動の原点を再確認する意味を含めて、ＮＰＯとは何かについて考えてみたいと思います。

なぜ、ＮＰＯは自ら苦労・苦悩する必要があるのでしょうか。めんどうくさいことを実践するのではなく、専門性の高い政策提言を行い、政治家を動かし、最終的には、行政を思うままにコントロールできる体制に誘導すればいいじゃないかという意見があります。NPOの役割とは、自らが苦労し行動することではなくて、行政の仕組みの根幹を抜本的に変えることだという論法です。生活現場から変革しても、時間ばかりが浪費され徒労に終わるのではないか、文句があるのなら政治のトップの意識改革を促し、それでも変化がなかったら選挙をもって交替させればいいのではないか。地域活動やNPO活動がいくら組織化し、活動基盤を強化しても結局はどこかに根本的弱点が内在し、活動の限界を抱えることになるのだ、という意見です。皆さんはこのことをどのように考えられますか。

私は市民一人一人の自己責任により社会や地域を変えていくことでしか、日本の政治・経済・社会の仕組みの変革はありえないと考えています。時間と努力を節約して、劇的な変化や効率性を求めようとすると、どこかに「歪みや無理・消化不良」が発生し、予想もつかない反対勢力が突然襲いかかってくるものだと思います。

「公」が歪んだのは、公を構成している一人一人の意識と行動様態が歪んだためです。ですから市民一人一人の意識変革を促すことでしか、抜本的な変革はありえません。政治家や行政の変化を促す役割もNPOにはあると思いますが、行政は、首長はじめ一握りの政治家の意向しか眼中にありません。また本来、行政はお客様である市民の意見を誠実に遵守する「責務」があるはずなのに、それが十分にできていません。市民も地域人としての「義務」をまっとうしていません。この二つの「負の意識」によって、社会の仕組みが時代の変化に対応できない閉塞状態に落ち込んでしまっているのです。

ＮＰＯは、社会の歪みを是正する「整体師」であり、行政では対応できない課題を解決する「新しきサービスの提供者」です。既存の仕組みや制度に基づく行政や政治家の発想を超越した「担い手」なのです。ＮＰＯ自らが新たな社会システムの実証実験を行い、その有益性を証明し、市民の合意を形成していくことが「社会変革への早道」なのです。

超党派のＮＰＯ議員連盟の結成、ＮＰＯ税制優遇制度の運動、ＮＰＯへの補助制度充実の運動など、政治家を巻き込んでの運動も花盛りです。しかし、こんなことに時間を割いている間に、ＮＰＯ法人の犯罪増加、解散、分裂、組織の弱体化が進行し、社会的評価が下がりつつあります。

いまこそ形式にこだわらず、実績と成果を地域社会のなかに根づかせる努力が必要です。ＮＰＯの真価は、これから何をするかによって決まると思います。足元を忘れた議論は、最終的には何も残しません。

また、社会問題が多様化・複雑化している時代だからこそ、人間のネットワークが「セーフティーネット」となります。一人のスーパーマンでは無理がかかりすぎるのです。多くの人々との連携と協働が手堅い市民運動の手法だと思います。卓越したリーダーは挫折すると後がありません。NPOが「組織論・マネジメント論」を重視するとしたら、いまの日本は、数人のリーダーに依存する「スーパーマン型突撃・劇場国家」です。数人の切り込み隊長だけでは、物事は抜本的に変わらないことは、明治維新で実証済みです。多くの下級武士の屍が、時代の潮流に名もなく流されています。

私は、NPOは「市民会社・市民起業」だと思っています。しかし、一般的な会社との決定的な違いは、「組織ではあるが組織ではない」ことです。個人としての自由度が保証されていることが、多くの支援ボランティアを引きつけ、人々のネットワークが結集できることにつながります。世の中に、こんなにも組織体制が不安定であり、組織を統率する規範性が希薄な組織があるでしょうか。これでは、NPO職員が何をやってよいのか、不安な気持ちが増幅して、いたたまれなくなってしまうのではないでしょうか。ですから、NPOを職場とする専属スタッフは、個人としての創意工夫・創造力・独自性の能力と臨機応変な柔軟な資質が求められるのです。

いままでの組織は、縦割りの組織体制であり、命令系統が上から一方的に指示され、個人情報との調整や提案などは無視され、大義・社是がすべてでした。その束縛に文句を言いながら、その気軽さに甘え、自分の個性発揮や自己主張がめんどうくさいと考え、組織の流れに埋没していってしまったのではないでしょうか。

その結果、混乱の時代のなかで、大会社は組織体制が画一化・平準化してしまい、ほとんどの職員は、危機意識を持ちながらも没個性の姿勢をとってきたのではないでしょうか。NPO職員がこの意識や考え方を踏襲し、当然視しているとしたら問題だと思います。

いまこそ、多種多様な価値観、流動的な活動への臨機応変な対応が求められています。不安・混迷のなかから、自分の判断により独自の方向性を模索しなくてはならないのです。このような仕事ができることは、楽しいことだと思います。没個性ではない職場環境、大いにその特性を活用して、個性とNPO職員としての問題意識、発想を表現してもらいたいと思います。自由度がある代わりに、やや給与が低額かもしれません。これが現実の厳しい姿ですが、「人生の先行投資・キャリアアップ」だと大きく判断して、アクティブな行動を期待するものです。

コラム　富士山クラブもりの学校

　富士山クラブの主要事業の一つとして、「富士山クラブもりの学校再生プロジェクト」があります。これは、廃校になった小学校を富士山クラブで賃借し、自然体験の活動拠点として再生整備しようとするものです。

　賃借することになったのは「足和田村立西浜小学校旧根場分校校舎」です。明治二五年に建設されて以来、根場地区の交流の拠点でもありました。校庭では夏の盆踊りが催され、講堂では結婚式が執り行われるなど思い出が蓄積された「地域の宝物」です。数十年前、根場全集落を襲う土砂災害が発生し、集落のほとんどが流出されて多くの犠牲者が出るなど、痛ましい惨事を経験しましたが、幸いなことに、この小学校だけは山陰にあったことから被害を免れたのです。

　閉校後、女性政治家で有名な加藤シズエさんの娘さんが三〇年近く賃借して、東京都の子どもたちに自然体験をさせる活動基地として活用していたようです。しかし、個人での維持も限界となり、数年前からは廃屋施設として放置状態となっていました。これに対して区や村は、公的な資金を活用する修繕・整備はできないとの認識をもっており、近々には、壊さざるをえない状況でした。

二〇〇三年八月三一日に「富士山クラブもりの学校の開校式」が行われました。廃墟化してしまっていた「足和田村西浜小学校旧根場分校」が見事に再生され蘇ったのです。外部の色彩や材質も建設当時のままに復元され、遠方より見る景観は懐かしさと落ち着きを感じさせるものとなりました。背後に広がる山々の緑のベールとのコントラストも絶妙です。

一一〇年の歳月を刻む古き学校。地域の人々の思い出が凝縮され、揺るぎない歴史の重さと木造建築物の独特の味わいを感じます。地域に残存する歴史的・文化的建築物を残し、維持していく、私たちの役割と責任の重さを実感します。

富士山クラブは、この学校を「エコツアーの活動拠点」として保全・活用しています。エコツアーは、富士山の青木ヶ原を活動領域としており、活動開始から三年目を迎え、ツアー客は延べ四万人、学校数で二七〇校となっています。富士山が持つ深遠なる魅力と多様な動植物の存在に触れることで、訪れる誰もが驚嘆し、自然の大切さや森の役割について再認識していま す。富士山周辺の森林地帯は、環境教育の生きた現場・教材であるといえるでしょう。メニューの一つに「ゴミ拾いツアー・ゴミマップづくりツアー」もあります。

いくらお金をかけ立派な施設を創っても、それをどう使っていくのか、その活用方法にどんな意味・意義、社会的波及効果があるのかを実証することが大切です。もりの学校には職員が常駐するとともに、会員や富士山が好きな人たち、子どもたちの「富士山を学ぶための実践的な環境教育の施設」として機能を強化するつもりです。

今回の改修工事では、教室や廊下など内部施設の完全整備までには至っていません。多くのボランティアの参加を要請して、時間をかけてゆっくりと市民手づくりで直していきたいと考えています。開校までに延べ二五〇人近いボランティアが駆けつけ、草とり、清掃活動、大工仕事などのご協力をいただいています。

こうした試みにより、もりの学校に関わる人たちの数が増え、新たな愛着とこだわりの気持ちが蓄積していくものだと思います。これこそが「古き良き施設の再生プロセス」といえるもので、歴史的公共物のなかに新たな息吹・人々の魂が入っていくのです。金の力で一気に整備するのとは違い、人々の協働関係により物事を成就する「NPOの特性」が生きている好例といえましょう。

また、このための費用をつのる「NPO夢債券」という新たな試みに対して、本当に多くの人々からご応募をいただきました。お陰様で、目標の一〇〇〇万円が二ヵ月ほどで確保され、工事費の支払いが円滑にできました。最終的には一〇一四万円となりました。

真に豊かな社会や地域を創りたいのなら「自分のお金を出すか、具体的な活動を実践するか、知恵やアイデアを出すか、人間的ネットワークを供与するか」しかありません。いま、富士山クラブは人々の夢をお貸し願い、その夢を実践するための事業主体者として、先駆的なＮＰＯ活動に取り組もうとしています。一つ一つは「小さな力・思い」ながら、結集すれば巨大な推進力に融合していくことを実証したいと考えています。とにかく、一〇年かけて資金を返済しなくてはなりません。借金も財産のうち、夢債券を重圧と考えず、良きプレッシャーだと理解し、エコツアーを中心とした自主事業の充実に努力していきたいと考えています。

6 ＮＰＯが富士山と地域を救う

一　ＮＰＯは「混乱の時代」の救世主だ

二〇一〇年もすでに半年以上過ぎました。歳月は光陰矢の如しです。時代は、世界的な金融危機や経済的破綻を迎え、地球温暖化の問題も含めて、さらなる「混乱と不安」が予測されています。まさに、地球が一つの「運命共同体化」し、一国での出来事が各国の事情に直接的に影響を及ぼす様相を示しています。

思い起こせば二〇〇九年、新年のテレビで、派遣労働者を救済するための「大晦日派遣村」が二日で満杯になり、ＮＰＯやボランティアによる支援の限界が現出し、国による直接的支援の要請を行う姿が映し出されていました。厚生労働省にはお正月で職員はおらず、正門前の警備のガードマンに代表者が要請書を提出している姿は、現状に対する国の問題意識の貧困と対応姿勢の脆弱化、政治家の言葉の軽さを見事に物語っていました。

ＮＰＯやボランティアは、この緊急的、社会的な「歪み・格差」に対して、迅速、献身的に取り組み、善意の具体的な対応を正月もしているのに、国や政治家のそうした姿は見られません。正月休みであることは承知していますが、組織の論理と都合に守られ、個人的なボランティア活動を含めて、税金で食べさせてもらっている「公僕」としての問題意識や自発的、主体的な善意の行動すら垣間見ることはできません。

しかし、当日の夕方には、大村秀章厚生労働副大臣（当時）が再度、役所正門前で代表者から要望書を受け取る姿がテレビに映し出され、学校や役所などの公共施設の供与の検討を約束していました。さらに、派遣村を菅直人民主党副代表（当時）が訪れ、賑々しく、舛添要一厚生労働大臣（当時）に、その場から携帯電話で連絡を取り、公共施設の迅速な開放を要請している姿もテレビで放映されました。結果的には、派遣村に入れなかった人々は厚生労働省の講堂に収容されましたが、この様子は災害時や戦争時での「避難民」と似通っていると感じました。

本当に何事も付け焼き刃の対応に見えます。二〇〇九年から、会社員の離職問題は社会問題化し、迅速な対応が求められていました。ＮＰＯやボランティアには緊急避難的な対応は可能でも、恒久的で制度的な対応は力の範囲外です。この領域は、行政や政治の責任範囲なのです。企業もCSR活動に熱心なら、企業から放り出された人々への資金的、人材的な支援はできるのではないかと思います。株主への利益の分配だけが、社会的な責任なのでしょうか。人々が困っている時こそ、人々が寄り添い、助け合う、具体的な活動が求められています。阪神淡路大震災に出かけたグラウンドワーク三島としても、三島での活動となるでしょうが、何らかの対応、支援が必要になるだろうと考えています。

文部科学省による高校生によるボランティア活動の「義務化」や法務省による受刑者の「社会奉仕命令」の導入、経済産業省による企業の「CSR活動」の促進など、国によるボランティア活動や社会貢献活動への取り組みは多様化し、積極的になっています。

しかし、職員や政治家の現場での姿は見受けられず、目新しい事業や制度の乱発と思いつきのその場しのぎの対応しか見えません。それらが、実社会の実態や課題と整合性がとれ、的確、適切な事業制度として機能しているのか、検証と評価が乏しいと思います。事業立案のプロセスが、現場から発想されたものではなく、また、現場において検証されたものでもなく、さらに、公益的なサービスを受ける側の意見や要望、提案、アイデアをくみ取ったものでもない施策が、今日的な諸課題に対して有効性が高いとは思えません。

私も、二〇〇七年三月に、三五年間にわたり在職した静岡県庁を早期退職した身であり、行政組織の特性や基本的な考え方、取り組み姿勢などは、承知しているつもりです。しかし、これほどまでに毎日のようにマスメディアを通して、生活者の厳しい状況が報道されているなかで、国として十分な対応がなされない現状を考えると、行政組織の著しい劣化と機能の限界が明確化しはじめていると思います。

いまこそ、国や政治の役割と存在意義を謙虚に抜本的に見直し、もう一つの公益的サービスの主体であるNPOの存在を重要視すべきであり、生活者への直接的なサービスの提供については、その多くを、英国のように、NPOに「譲渡・移管」すべきです。NPOの運営の効率性と生活者への視点、目線の密着性と適格性は、災害発災時などにおいてはすでに実証済みではないかと思います。

国家的、地域的な地震や風水害による災害活動になると、行政は組織の総力をあげて、人的・資金的・制度的に機敏な対応を実行するのに、現在のように、納税者が職を失い、生活に困窮している「生活者災害」に対しての動きは、あまりにも鈍重です。国民の福利厚生のために存在する国家や政治が、本質的な対応と機能を発揮していないといえます。

この現状を三島市にたとえると、二〇〇九年、まったく同様の事故や案件が多発しました。まずは、一二月二一日に発生した源兵衛川《げんべえがわ》への静岡県による生コンクリート流出事故への対応です。多くの魚類が死滅し、豊かな水辺環境への悪影響は計り知れず、一年以上を経過した現在でも、清流のシンボルであるホトケドジョウの復活は難しくなっています。非常時への的確な環境対策の立案と環境ＮＰＯへの事前の説明があれば、こんなに大きな影響はなかったはずです。

次に、三島測候所跡地への高層マンション建設への反対運動です。三島測候所の買収については、三島市とともに、地元町内会や三島測候所を守る会などが連携して対応しました。同じように業者に対しても行政とＮＰＯが一体化して対応すればよいものを、行政側はそうはせず、情報の閉鎖性とあいまって、ＮＰＯ側の苦悩は続きました。結果的には、地元町内とＮＰＯの努力と執念により、計画は中止となり、良好な住環境は守られました。もっと行政側が情報を公開し、一体化した意思疎通のもとに反対運動を展開すれば、時間のロスと混乱はなかったはずです。

次に、温水池へのホテイアオイ大繁殖への対応です。グラウンドワーク三島としては、松毛川《まつげがわ》の経験知をもとに、一年半ほど前にホテイアオイの生育に気がついた時から、三島市に対して、独自の排除対策を実施したい旨の要請を何回か行ってきました。しかし、三島市からは、対応は任せておいてくださいとの返答があり、独自の行動は制限されました。ところが、結果的には、対応の遅れが大発生を助長させてしまい、グラウンドワーク三島も参加しましたが、多くの労力と経費がその処理に費やされました。NPOへの信頼不足と協働意識の欠如、行政の怠慢が、「環境被害」を発生させたといえます。

次に、松毛川河畔林沿いへの農道の建設計画です。グラウンドワーク三島は、五年ほど前から、地域住民とともに、自然豊かな狩野川の原風景である河畔林の保全対策を進めてきました。しかし、三島市は、住民からの要望を理由に、河畔林沿いに農道の建設計画を独自に進め、グラウンドワーク三島による再三の情報公開と事業参加への要請にもかかわらず、土地所有者の同意取得を行ってしまいました。

そこで、やむなくグラウンドワーク三島としては、環境への悪影響を理由として、農道計画の仕切り直しを三島市に要請し、現在、新規路線の検討と地元調整を進めています。これも、事前にNPO側に進捗状況の説明と考え方の調整を実施すれば、地元住民に迷惑をかけない対応ができたと思いますが、なぜ、こんな単純なことが行政内部においてできないのか、三島市の基本的な考え方がいまだ理解できません。

また今度は、三島市による源兵衛川へのコンクリート掘削残液の流入事故です。源兵衛川沿いで工事を実施する場合は、グラウンドワーク三島などの環境NPOに工事の有無と内容を連絡するとの規範を、県土木事務所から指示を受けていたにもかかわらず、再度、同様の事故を発生させました。幸いにして、環境被害は確認されませんでしたが、同じことを繰り返す三島市の対応には呆れました。

二〇一〇年度、グラウンドワーク三島も活動開始から一九年目を迎えます。私たちの活動の理念は、多様な主体者同士のパートナーシップの構築であり、行政の問題を指摘するのは本意ではありません。たとえば、源兵衛川の水辺再生では、行政では諸事情があり困難な、一企業との関わり方に調整役として介入し、一年を通した冷却水の導水を可能とし水辺環境の再生を成し遂げました。

さらに、ミニ公園づくりや学校ビオトープの建設など、行政との信頼関係の構築を前提として、地域企業の多様な支援体制の構築を進め、安価な「市民公協事業」の成果を、三島梅花藻《ばいかも》の里など市内各所に残しています。財政の厳しさから、より以上に行政によるサービスの劣化が危惧される今日において、多種多様な市民サービスの提供者であるＮＰＯとの「連携と協働」が、行政施策上でも、もっと重要視されていいと考えています。

たとえばシルバー人材センターに業務委託することなどが、安価な行政施策の展開と勘違いしているのではないかと思います。もし第三者に行政サービスを委託するなら、的確な提案書や資金計画の提出を求め、公開審査の導入や社会的な波及効果の評価などを実施すればいいと思います。現在の三島測候所の管理運営に見られるように、保存に努力した地域住民やＮＰＯの意向を尊重せず、三島市独自の判断による行政主体の運営体制を推進している現実は、実態や経過の的確な把握と市民への目線が感じられません。この体制を認めた市会議員の見識にも疑問が残ります。

グラウンドワーク三島は、今後とも、社会的・地域的・広域的・地球的な「歪み・隙間」を、活動の対象者、ターゲットにして、地道な活動に取り組んでいきます。三島市での活動を基軸に置き、現在までに培ってきた多様な信頼のネットワークをベースとして、富士山を含め、世界とのつながりも念頭に置き、グローバルな活動に引き続き挑戦していきます。

これらの小さな取り組みが、行政や政治の劣化と機能不全を補完し、より健全で豊かな思いやりのある社会や地域を構築できるよう、人間的な「共助」の仕組みづくりを、市民・ＮＰＯ・行政・企業とのパートナーシップの関わり方を原則論として、ＮＰＯの舞台において実現していきたいと考えています。

二　ＮＰＯの資金調達

事務局長としていまの最大の悩みごとは資金集めです。どこのＮＰＯも年度の事業決算と次年度に向けた資金確保に神経をすりへらせていると思います。中小企業の専務的な立場の悩みと類似しているのです。最近、私がよく使う言葉は、「同情・愛情より金よこせ！」です。この言い方は、下品で恥ずかしい言葉遣いかもしれませんが、いまの私の本音を吐露した言葉です。ＮＰＯとしてどんな立派な理念や大志・夢を持っていても、それなりの「資金」がなくては形や成果に結実しません。

富士山クラブの場合は、二〇〇〇年に富士山頂上に設置した環境バイオトイレにより、約六〇〇〇人のし尿が円滑に処理され、富士山の山肌への垂れ流しが防止でき、「市民力」の強さが実証できました。ここで使った資金は、機材購入費、運搬費、設置費、維持管理費、技術解析費など約二〇〇〇万円でした。実は、このプロジェクトを実施する当初は、資金的な裏づけは十分にとれてはいなかったのです。とにかく頂上にバイオトイレを設置して、その機能の有益性を実証し、できるだけ早く、富士山のし尿問題が解決できればいい、という熱き情熱と問題意識が、大胆な行動に駆りたてたのです。いま思えばずいぶん無謀な行動に挑んだものだと思います。しかし、驚くなかれ、この真摯な夢・思いに多くの賛同者、支援者が集まり、大事業を税金を一銭も使わないで成功させることができたのです。

この大事業実現のためには、多くの方々の支援を受けました。個人からの募金としては、金沢の老人が富士山の姿で心が癒されると一〇〇万円を寄付してくれたり、富士山が好きだった故人の香典を寄付してくださった方もいました。

他のNPOとの連携もありました。NPO法人「ふじのくにまちづくり支援隊」、住友建設静岡支店（小浜修一郎支店長）を中心に、関連会社の技術屋メンバーが過酷な気象・地形条件を乗り越え、高山病と戦いながら設置工事を完工してくれました。資金提供とともに、資材や機材、技術的な支援も受けたのです。

また、多くの機関から助成金をいただきました。㈶日本旅行業協会（JATA環境基金）、トヨタ財団、JT、セブン・イレブンみどりの基金などです。さらに、富士急行の二五〇人もの職員の皆さんが、堀内光一郎社長の陣頭指揮のもと、富士山頂まで杉チップを運搬してくれました。毎日新聞社は一三〇周年キャンペーンを兼ねて優先的な報道と寄付をしてくれました。バイオトイレを試作してくれた東陽綱業さん、檜づくりのトイレ棟を製作してくれた影山木材さん、浅間大社さん、頂上富士館の宮崎さん、資材運搬の渡辺さん、管理ボランティアの富樫さん、佐藤さんなど、書き切れません。

「お金があれば立派なことができる」、これは行政の発想です。私たちＮＰＯは、まず「大いなる志・夢」を描きます。そして、実現に向けた課題を冷静に整理・分析して、資金や人材確保などの現実的な戦略を立案していくのです。やりたいことが、まずありきです。その前に横たわる問題や障害に不安を抱えているだけでは、考え方や発想が硬直し貧相になってしまいます。あれやこれや考え過ぎては動きが鈍くなり、職員のやる気も削がれ、大きなチャンスを逃してしまいます。

いかに伸びやかに、既成観念にとらわれない発想や創意工夫ができるかが、成功の分かれ目です。自由に裏打ちされた果敢な行動力と人的ネットワークを駆使した情報集積力、スタッフ同士の厚い信頼関係、あの手この手を使う狡猾さなくしては、ＮＰＯの成長と自立はないと思います。ファジーにしてフィクスされた組織の行動力と発想の規範をどう醸成するかがＮＰＯの課題でもあります。

富士山クラブについていえば、会費納入も十分ではなく、多くの会員が、会費を振り込んでくれていません。組織の足下がお寒いのが現実の姿なのです。他のＮＰＯも共通の悩みを抱えていると思います。大きな夢と過酷な現実の間でいかに創造的でワクワクする活動を提供できるのか、富士山クラブの真価が問われています。

三　ＮＰＯの構想づくり

私がＮＰＯ活動を実践する上で一番大切にしている言葉は、「右手にスコップ・左手に缶ビール」です。これは、議論のための議論や総論的な提案・陳情活動を展開するのではなく、とにかく現場に出てしまおう、問題を共有している皆でスコップを持って、少しでも問題点が解決・改善されるように、実践を積み重ねていこうとする考え方です。

そして、最も大切なポイントは、仕事が終わったあとは必ずといってもいいほど、お酒をつまみに考え方をぶつけ合う場をつくっていることです。日本の農村地帯では、昔から「道普請《みちぶしん》」と呼ばれている仕組みがありました。皆で使う公共施設（道路・水路など）は、使用者自らの自己責任において、維持管理していく習慣です。このなかで重要なことは、皆で何かをするということより、作業が終わった後、世間話に花を咲かせることではないかと思います。この場は地域の情報の基地であり、人間的な察知の場ではなかったかと思います。顔色が悪く元気がなければ心配事を抱えているのではないかと推察できます。場所を変えてフォローアップすることもできます。

この旧来の仕組みは濃密な人間関係が創られ、危機的な場面での「支え合い・助け合い・思い合い」が機能できる土壌となっているのです。とにかくアルコールが愉快な会話の重要な要素なのです。自分の存在誇示もあるでしょう。好き勝手な会話が個人の発想力と創造力を活性化させ、斬新な創意工夫の力を呼び覚ますきっかけになるのです。

赤提灯が垂れ下がった居酒屋は、この楽しい議論の最前線・戦場であり、この場・機会づくりが活動の原動力・源泉といってもよいと思います。

富士山クラブが設立されたのは、富士山大好きの三人が他の用事で寿司屋で飲んでいる折、飲んだ勢いで議論が沸騰し、「そんなに考え方が似ているものなら発起人になってNPOを創ってしまおう」から始まっています。いままさに、数年の歳月を経て、そのときの夢のような議論が、より現実化され、富士山の環境保全を推進しています。夢とロマンにあふれた富士山再生の議論が、アルコールと焼き鳥の匂いに後押しされ、実現されたのです。

富士山再生のためなら、肝臓の一つや二つ差し出す覚悟といい加減さが求められるのかもしれません。成人病を怖がっていては、NPO活動には発展性が望めません。お酒を飲めなくても夜の会話の場に参加して、語り合う喜びを体験してもらいたいと思います。

ここだけの話ですが、私はときどき、酔っぱらったみんなの会話をテープに録音しています。会話の内容を通勤途上で再生し、斬新な発意を抽出しています。なかにはどっきりするような素晴らしい夢があります。これをただの夢物語に終わらせず、社会性・現実性を持たせるためにはどんな戦略が必要なのかをいつも考えています。そして次のスタッフ会議の議題として提案し、実現性を高めていきます。酔っぱらって発言をした人は、どこかで聞いたことのある発想だなと訝《いぶか》りつつも、意見に賛同し本気になっていきます。個々の潜在意識にあった発想が、現実的な課題として復活して蘇っていくのです。

四　NPOとボランティアの違い

NPOとボランティアとの違いをよく聞かれます。ボランティアとは、あくまでも「個人の善意に支えられた社会貢献活動」であり、個人の意志や考え方に依存する領域が多いと思います。

他人のために何かをしたい、その社会貢献の気持ちは大切です。しかし、個人の意志と行動が活動のすべてを支えており、不安定で流動的で頼りにならないものともいえます。特に、事故発生時などの危機管理には弱く、個人に対して責任が一方的に負荷される仕組みになっています。資金・人材・体制的にも少数の人たちに依存している傾向が強くなっています。

ＮＰＯは、「ボランティアが抱える問題点や機能の限界」を認識しながら、基盤を整備・強化していこうとする「組織体」といえます。個人の集合体から脱却し、システム化・組織化された新たな「理事中心の経営体」なのです。

ＮＰＯには組織責任が求められます。発想も責任も評価も個人に帰結するものではなく、組織全体に帰するのです。事故や収支の如何、活動の成果などは、理事を中心とした全体責任となり、責任を負わなくてはなりません。理事はお飾りの存在ではなく「会社の経営者、責任者」なのです。

ＮＰＯ職員は、事務局長を筆頭として、事業立て、会計財務処理、収支見通し、事故対策、人的管理、人材養成、会員サービス、事業収支報告、新規事業の企画立案、管理運営など組織運営上のさまざまな事柄に配慮して対応する責務を負っています。

また、すべての情報が理事や職員間で共有されていなければ、臨機応変な対応はできません。

各職員が担当分野を中心として、全体情報と実態を把握しており、即理事や事務局長に報告できるシステムが構築されていることが、まさに、「NPO組織の理想形」といえるのです。

事務局長を含め、すべての理事は「無償の支援者」です。責任だけは民間会社と同じように負わされ、そのリスクに対する報酬はありません。いや報酬は、たとえば富士山クラブの場合、「新たなる富士山の環境再生の仕組みづくりの先導役としての誇りと役割」、「愛すべき富士山が早く世界遺産たるべき山に変わる」ことです。そのことに意義を感じて戦おうとする同志が、理事となっているのです。NPO職員はこの事実を認識して、無償の支援者に対して的確な情報提供を行う責任を課せられていることを自覚すべきでしょう。

富士山クラブは、約一五〇〇人もの会員によって成り立っています。富士山通信やホームページ、新聞、テレビなどを通して活動情報の提供を行っていますが、その全体像が十分に伝達されているのか不安になることがあります。はたして年間二〇〇〇円の会費によって、どこまで会員サービスができるでしょうか。しかし、現実的に情報提供を徹底しなくては会員離れが加速します。実際、会員の約三五%は会費が未納です。情報提供が希薄だからか、当クラブの活動に賛同できないための未納なのか、その原因を明確にすることは難しいのが現状です。

しかし職員は常に会費の未納に神経をつかい、その原因を考慮すべきです。双方とも、私たちの活動を評価する「即効的・今日的なリトマス試験紙」だからです。あらゆる媒体をフル動員した戦略的な仕掛けを考える努力が求められています。広報・公聴ほど、ＮＰＯにとって社会的評価と関心を高める上で重要なものはありません。

次に、ＮＰＯには常に「説明責任」が求められます。活動に主眼を置きすぎると事後処理を忘れがちになります。あれだけ支援したのにまったく情報や説明がない、という批判の声を聞くことが多いのですが、これは、その場しのぎの活動に関心が偏重《へんちょう》してしまい、活動の全体像を見ていないことに起因しています。

ＮＰＯの仕事はあくまでも脇役・調整役です。主役は会員やボランティア、寄付者、募金者、その他関係者の皆さんなのです。支援者あってのＮＰＯだとの感謝の気持ちを持ち続け、皆さんに対しての「心遣いと事後処理」をすることが大切です。特に、「何がどうなったかの説明責任」をしっかりと果たすことは、次の活動の展開にとって大変重要なことです。

ＮＰＯ活動は感動と興奮に満ちたものが多いのですが、職員まで一緒になってその結果に酔っていてはいけません。各種の行事が終了したらその都度、概要を迅速にまとめてホームページに掲載するとともに、関係者への感謝の礼状を送付するなどの配慮が必要とされます。

次に、ＮＰＯにとって大切なのは「リスク管理」です。ＮＰＯの行事は、さまざまな人を集めての行事が多いので、もしものことを考えて事故対応への配慮は最も重要となります。富士山クラブの場合もエコツアーやもりの学校、ゴミ拾い、森づくりなどの作業時のリスク管理の一環として、かなり高額な保険に加入しています。また、非常時における救急対応の訓練も実施しています。

最後に、NPO職員は総合的に全体を見られる細心の配慮と神経を磨いておく必要があります。

NPOの活動には一定の「品質」が求められます。NPO職員はプロ集団ですので、仕事の合間に社会貢献活動を担っているボランティアとは一線を画さなければなりません。パンフレットの作り方、プレゼンテーションの企画内容、対応の方法、財務会計処理、活動の面白さ、仕掛けの先駆性など、プロとして高度で専門的な一定の水準が求められています。わからなければ専門家に学び、知らなければ情報を集めてくるなど、必死の努力と研鑽《けんさん》が必要です。「私、NPOのことは知りませんから」と発言する職員は、どこの職場に行っても使いものになりません。

とにかく、富士山クラブは「市民会社・企業・起業」の要素を色濃く内在した、理想的な姿を確立すべく、活動を進化・深化させていきます。

五　ＮＰＯのネットワーク

二〇〇二年一月二〇日「富士山環境ボランティアネットワーク会議」が開催されました。富士山周辺には、環境問題に関わる市民団体が約一〇〇以上あるといわれています。この会議では、そのうちの二二団体、総勢八〇人が集まり、ネットワーク（全体）として「何が欠けているか」、「何ができるか」、「何をすべきか」を真剣に話し合いました。

とかく環境ＮＰＯは、自分たちの主義主張や意向を優先し、バラバラに活動している例が多いと思います。そのために、お互いの活動や理念の共有、情報交換などがうまくいかず、総合力が生まれていません。逆に、自分たちの考え方や行動が正しいと主張し、他の団体を敵対視するなど、低次元の悲しい現実もあります。

現在、ＮＰＯの議論のなかで、ＮＰＯ同士がネットワークを創る意義・意味が活発に議論されています。しかし、現実的には、富士山に関するＮＰＯを見ても、富士山全域を包括する主体的なネットワークはありません。みんなで協力し、助け合うことの重要性については、誰もが理解しているのに、なぜ、「連携と協働」が構築できないのでしょうか。

私が三島で進めてきた「グラウンドワーク三島」の活動事例からいうと、ネットワークの力の原点、絆《きずな》の原点は、共存共栄の仕組みを創れるか否かではないかと考えています。

夫婦二人の関係すら上手くいかないこの世の中で、趣味趣向が違う多くの人たちが集まって愉快に過ごせるだろうと思うことこそ、幻想です。また、組織を安定的に持続させていくためのマネジメント（経営能力）の重要性については、自分が関わる組織や活動基盤の強化すらおぼつかないのが、現実の姿ではないでしょうか。

ネットワークを維持し、共存共栄の仕組みを創るためには、相互の組織基盤を強化し、質の高い活動を持続できるような、足腰・地力を鍛錬することが大切ではないでしょうか。その上で、お互い同士の長所と短所を尊重・理解しあう「信頼のネットワーク」を創ることが第一歩となります。そのことが始まりとなり、相互の得意技を提供しあう、新しい「相互成長」の仕組みが生まれてくるのです。

そのような連続性と重層的なかかわりにより、「知恵」、「資金」、「情報」、「人」、「専門性」、「支えあい」、「リスク」など、限りないネットワークが生まれ、一緒に活動・行動することの大切さをお互いが認識し、ネットワークの力を理解することができる「学習のプログラム」が蓄積されるのです。

すなわち、ネットワークの力と役割を成長・充実させていくためには、それぞれの利害や思惑を超越した具体的な実践が必要とされ、相互の団体が、その旗印のもとに一体化・共有化する必要があります。

さらに、さまざまな団体・個人などを調整・仲介し、信頼に裏づけされた共存共栄の仕組みづくりをプロデュースする専門性の高いＮＰＯの存在も重要となり、富士山クラブはまさにその役割を果たすことをめざしています。

六　企業とのかかわり

二〇〇二年七月一九日に「がんばれＮＰＯ！」プロジェクトの平成一三年度活動成果発表会が開催されました。主催者は、財団法人たばこ産業弘済会・社団法人日本フィランソロピー協会です。

富士山クラブは活動成果発表の六団体の一つに選ばれたことから、全国から参集した二〇〇人近いＮＰＯ関係者に対して、バイオトイレ・プロジェクトの活動概要を報告しました。この助成を受けたプロジェクトは「富士山のゴミ・し尿問題解決に向けての活動」で、具体的には富士山頂に設置したバイオトイレの管理運営ボランティアに対する人件費への助成です。

二〇〇一年度については、富士山頂に約四〇日間近く常駐していた管理運営ボランティアや設置工事関係者にかかわる人件費を、二〇〇二年度は、富士山頂を含め本部詰めの臨時職員の人件費への助成をしていただきました。

この助成は、富士山クラブにとっては大変効果的でした。この経費の存在により、臨時雇用とはいえ優秀な職員を雇用することができましたし、富士山頂の過酷な気象条件のなかで努力してくれているボランティアの善意に対して報酬を支払うことができたのです。富士山頂での作業は体力を消耗しますし、高山病による激しい頭痛や、食欲の減退などが待ち構えています。一時の情熱的な意欲と精神力だけでは管理運営業務を円滑に推進することは難しいのです。彼らは、お金のためにこの仕事を引き受けてくれたわけではありませんが、彼らの献身的なサポートに対して、いかほどかでも支払いができれば、持続的な活動基盤を創ることができると思います。

富士山クラブでは、多くの助成団体から助成金を受けていますが、ほとんどの助成制度に人件費の助成がありません。あくまでも活動内容の評価で、その経費の一部を助成するものなのです。これはこれで必要ですが、行政の補助金制度と変わりないのではないでしょうか。お金で活動を拘束してしまい、事業内容の変更や修正が発生した場合、対応に難しさを感じます。NPOは、現場の要望の変化にあわせた即断即決の実践が売りです。当初の考え方が現場に合致していないと判断したら、その場で変更あるいは中止する柔軟性を大事にしているのです。

NPOもその成果の検証を念頭においた活動戦略を構築することが必要となっています。助成金を受け、活動が実現できたことに満足するのではなく、その活動を通してさらに何を実現しようとしていくのか、中・長期の視点が必要とされています。助成する側は、申請内容よりもNPOの活動理念を信頼し、その成果に注目すべきだと思います。申請内容との整合性や資金使途の確認を厳密に求めると、活動の自由度や創造力を制約してしまう気がしてなりません。可能性に着眼した「助成制度の評価・選定基準」の策定が必要です。

特に、NPOの成長には「人件費の助成」は大変有益です。人件費の補助により優秀な人材が雇用され、NPOの世界で鍛えられ、「NPOベンチャービジネス集団」が誕生していくのです。英国では、国がグラウンドワーク事業団（NPO）に、四〇億円も人件費を助成しており、しかもほとんどその活動に干渉していないのです。

また、二〇〇二年一二月六日には、ドコモ・システムズ株式会社において、「富士山出前講座」が開催されました。これは中津川社長のはからいによるものであり、企業の社会貢献活動を考えるに当たり、まずは富士山の実態について情報発信しようと実施されたものです。

私が講師となり「富士山の環境の現状と課題――富士山クラブの役割と方向性――」というタイトルで講演させていただきました。当日は人事課が窓口となり、中津川社長を筆頭に本社の社員のほとんどの参加をいただきました。

皆さんの反応は大変よく、熱心に話に聞き入ってくださいました。社員の方々は、日頃から環境問題には関心が高いと感じました。特に中津川社長は、富士山クラブの理事として設立当初からの支援者であり、富士山大好き企業人の代表的な人物なのです。いままでも会社として組合として、富士山のゴミ拾い活動やバイオトイレへの寄付など、具体的な形で富士山クラブを支援してくれました。しかし今回の目的は「企業とＮＰＯとの理想的な協働のあり方」を模索するきっかけとして、この講座を位置づけたいとのことだったのです。

また、この背景には「資金提供や人材支援などの協働関係しか、企業のＮＰＯとの付き合い方はないのか、もっと双方が現実的なメリットも甘受し、相乗効果のある関わり方がないのか、片方はお金を出す人、片方はお金をもらう人という、一方通行的・パトロン的な関係は、長続きしないのではないか」との疑問があります。

中津川社長からは、以前より「税金のことを心配しなくてもいいＮＰＯとの関わり方はないのか、対等性・独自性を前提としたパートナーシップの関係づくりができないのか」という課題を課せられていましたが、私としても具体的な事業提案ができずに苦慮していたのです。

実は私もこの講座に先立ち、ドコモ・システムズ株式会社の仕事内容について、一部の職員を通して勉強させていただきました。携帯電話に関わる技術的ハード部門の専門会社であるとともに、ＧＰＳを活用した地図検索のシステムも開発していることを知ったのです。

協働関係を考えるとき、お見合いのように相手の性格や得意技、感性、事実関係などについて正確に把握することは、つきあっていくための前提条件であると思います。

社員の皆さんは私からのメッセージをどのように感じられたでしょうか。富士山の環境問題を理解できただけではなく、富士山クラブの活動内容を知り、信用・信頼のおける組織・ＮＰＯだと評価してもらえたでしょうか。

この信頼関係の醸成が、双方が共存共栄できる「企業とＮＰＯとのビジネスプラン策定」に連動していくと思います。地域密着型の富士山クラブと情報通信のノウハウをもつドコモ・システムズ株式会社が、具体的にどのようなプロジェクトで相互の利益を生み出せるのか、知恵の出しどころです。

もし一企業が画期的な事業プランを開発したとしても、自ら宣伝に動いたとしたら、膨大な人件費、宣伝費などが費やされ、時間的ロスが大きくなります。ここで新たなる「企業とＮＰＯとの協働関係」が構築できれば、企業側にも利することになり、富士山クラブにも資金確保のメリットが生まれるのです。

以上のような視点から現在検討しているプロジェクトは、日本のなかでの「先駆的なＮＰＯとの新たなる実験事業」といえるでしょう。この「創造的パートナーシップとコラボレーションの実験事業」は「企業のＮＰＯ支援の新たなるスタイル」と評価できます。

七　ＮＰＯと行政の協働とは

いま、行政はその発信力を高める必要に迫られています。施策を推進する上で、切実に発信力や情報の公開が求められています。かつてのように、行政内部だけでする事業推進や計画づくりでは、地域住民の賛同が得られなくなっている厳しい現実があるからです。

施策の執行上、必要とされる理想的な対応姿勢としては、地域住民に対して、行政情報を真摯に全面公開し、地域に入って住民と直接的な対話や議論を重ねることが、いままで以上に求められる状況となっています。従来の行政の縦割りの仕組みや上位下達の硬直化した指示回路では、多種多彩な住民要望には対応できず、行政サービスに「限界」が発生する社会現象が起きはじめているといえます。

この「限界」とは、どんな事象なのでしょうか。私の考えでは、行政サービスの萎縮・縮小による「隙間」の拡大といえ、具体的には、犯罪の増加、自殺者の増大、環境悪化の進行、弱者対策の劣化、格差社会の拡大、地域コミュニティの衰退、少子高齢化の加速、心の病の潜行拡大だと思います。いままで当然だと考えていた、日本の「安全神話」の崩壊であり、健全で安全な地域社会の維持が難しくなっているのです。

そこで重要度を増すのが、「NPO」です。行政とは差別化した特異な社会サービスを提供する推進母体といえます。NPOの存在と役割が、健全で安心な地域社会を維持していくための特効薬、処方箋になることが期待されています。

NPOは、行政サービスを補完し、協力し合うことにより、新たなるきめ細かいサービスを提供することができます。生活者の目線に立った、今日的で即効的なサービスが、安価に提供できるシステムが整い、多様な弱者対策が充実・進展します。

「孤独な老人の手を握り、楽しく世間話を交わすことで気分を明るくする」サービス、「散歩を兼ねて朝晩、子どもたちの通学の安全対策を担う」サービス、グラウンドワーク三島が実践している学校ビオトープの建設や住民主体の公園管理、自然観察会などの環境教育の推進、手作り公園の建設、河川清掃活動などがNPOの独壇場の活動領域です。

ところで、「共同・協同・協働」すべて同じ「きょうどう」ですが、意味の違いが重要です。「共同」とは、二人以上の人が仕事を一緒にすることです。「協同」とは、二人以上の人が力を合わせて仕事をすることです。「協働」とは、①一つの目的を達成するために、各部分やメンバーが補完・協力し合うこと、②二つの物や現象が互いに作用（影響）し合うこと、を意味しています。

これらの語のなかで、「協働」の一語は「重さ」が違います。協働とは、社会を構成する行政・市民・NPO・企業などが、補完・協力し合う、有機的な融合関係の重要性を示しています。NPOと行政とは、対等であり、それぞれの独自性を尊重すべきパートナーです。NPOは、決して、行政の仕事をお手伝いする下請けやお友達組織ではありません。相互の補完・協力の関係から発意される新たなる社会サービスは、多様性と柔軟性に富み、市民からの多様な要望に、的確・適切に対応できる「質」の高いものになります。

行政がNPOの特性や長所、短所を認め、強固な信頼関係を構築することによって、行政費の節約につながり、多様な資金需要に対応でき、行政基盤の強化を育成することができます。行政マンは、仕事を一生懸命に対応することが仕事だと考えがちです。英国では、行政マンは、あまり仕事をしないことが仕事です。なにもサボっているわけではなく、多様なセクターが、行政サービスに関われるような環境づくりや仕組みづくりを段取りすることが、重要な仕事なのです。

NPOや企業の知恵とネットワークを結集することにより、多方面からの資金供給の体制づくりを企画運営するのがこれからの行政の仕事だといえます。行政は、社会サービスを演出するコーディネーター、プロデューサーなのです。全体の状況を把握し、専門的な知識を活用した高度なサービスを考えていくことが求められます。市民やNPOが主役となる舞台演出を心がけ、その自立的・主体的な活動を醸成、後押ししていくのです。

グラウンドワーク三島は、このような仲介役的な役割を強く担っています。この仲介役として、行政が先導するタイプ、NPOが先導するタイプなど、多種多様なタイプがあってよいと思います。「地域は誰のものなのか、施設造って魂入れずの物づくりは適切か、市民の自己責任による施設管理の仕組みとは」など、主体性にあふれた市民意識の育成は、仕掛けが難しいのです。膨大な時間と仕掛けの創意工夫の連続性が求められています。

NPOや行政が、同じ地域の課題に対して、別々に対応することほど、非効率なことはありません。市民のふるさとを愛する気持ちや考え方を、上手に受け止め、行政ルールとの整合性を図りながら、一体化して具体的な地域課題に取り組むことが大切なのです。

現場に頻繁に出かけなくては、行政マンの感性は磨かれません。組織の「バベルの塔」に入って上司との関係において自己満足していれば、生活者・納税者の情報は感知できず、政策立案能力は次第に劣化し、その言動と対応は説得力を持ちません。行政組織において、自己研鑽が難しかったら、NPOの現場に個人として参加し、納税者と対峙することによって、現実的な意識と課題を認識すればよいと思います。

協働の議論は、パートナー同士の「変革」の議論といえます。行政組織の機能と制度、行政マンの意識改革なくしては、NPOとの関係構築は実現できません。要は、相手の気持ちや本音が理解できないのに、友達にはなれないということです。

NPOも行政と仲良くなればよいということではなく、一定の距離を置きながら、信頼関係を基軸として、お互いの役割と特性を尊重する関係づくりが大切なのです。NPOがあまりにも行政に近づくと、体制と既存の価値観のなかに埋没し、自由度と個性を失います。行政の動機の不純性は、最初は幼稚だが次第に高度化し、深遠なる仕掛けに成長していきます。しばらくするとNPOが、行政に甘え・依存し、要求型の体質に変質してしまい、主体性と自立性を忘れてしまいます。

お互いに、現場での具体的な関係を通して、それぞれの役割と責任領域を認識する学習の機会が必要とされています。難解なあり方論を学んでも、現場では役立ちません。結局、協働の形だけを作ろうとするのです。

グラウンドワーク三島では、整備後の雷井戸進入路での「糞」処理問題で、行政との協働を進めています。「糞の処理は誰が対応するのか、糞がされない整備方法はあるのか、注意看板は誰が経費負担するのか、苦情は誰が対応するのか、糞処理の恒久的対策はあるのか、地域との話し合いは、合意形成は誰の責任か」など、課題は山積みです。これらの具体的な対応方法から、NPOと行政の協働の規範とマニュアルが創られていきます。

八　英国のグラウンドワーク

二〇〇八年七月二七日から八月三日までの八日間、英国内のロンドン・バーミンガム・マンチエスターなどを回ってきました。若者のニート対策に関わり、英国グラウンドワーク連合体や地域トラスト、ボランタリーセクターが、どのような役割を果たしているのか、各地の実践現場を訪ね、若者たちとも意見交換をしてきたので、英国におけるグラウンドワークの現状と発展を踏まえて、日本のグラウンドワークの今後について考えてみました。

二〇〇八年現在、英国グラウンドワーク連合体は、設立以来二五年が経過し、スタッフ数は二二〇〇人、予算規模は約三二〇億円となり、その活動は英国国内はもちろんのこと、ＥＵ連合、ロシア、東欧、アメリカにまで拡大しています。サッチャー首相、ブレア首相、そしてブラウン首相と歴代の与党党首・首相との関係も深く、総会には毎年首相自身が参加し、そのコメントが広報誌に大きく掲載されています。

なぜ英国のグラウンドワークの場合は、組織と活動が、ここまで確実に発展・拡大しているのでしょうか。日本と英国との国家制度や社会的な背景、政治風土、市民活動への評価の違いなどが、その主な理由だと単純に整理されるものではありません。英国グラウンドワーク連合体が、時代の変化と社会的な要請に臨機応変に対応してきた、「先見性・戦略性の証」ではないかと考えています。

毎年そうですが、九月から一〇月頃にバーミンガムにある英国グラウンドワーク連合体の本部を訪問すると、実質的なトップであるトニー・ホークヘッド常務理事には、ほとんど面会することができません。この期間は、ロンドンはもちろんのこと、国内各地を巡回し、国会議員や自治体議員、行政職員、ボランタリーセクター関係者などへの新規事業計画のプレゼンテーションや意見収集に駆け回っているのです。

これは、全国レベルでの社会的な新規需要に対応した事業提案や掘り起こし、予算確保を目的としたものであり、地域トラストレベルにおいても、各地域の特性に適合した新規事業の提案と掘り起こしについて、「トップ外交」として対応、根回ししているのです。

行政セクターからの巨額の補助金の獲得や世界的企業や地域企業からの助成金の確保の裏には、年間を通した長期的な事業立案と情報収集、国会議員への提案・根回し、地方自治体からの要望把握、地域需要の整理分析、既存事業の評価、理事会での徹底的な議論、職員間における検討など、長期的な視点に立脚した戦略的な取り組みがあります。

今回の視察においても、若者対策に関わるさまざまな新規事業を聞き取ってきましたが、その予算規模は、三年間で三〇億円、五年間で六〇億円など巨額であり、日本ではありえないような大規模な補助金を、ボランタリーセクターが国や助成団体などから確保しています。

また、もう一つの特徴として、英国全土に関わる事業が多く存在し、その実施体制が、多様なボランタリーセクター同士の「ネットワーク」によって構築されていることです。たとえば、問題を抱えた青少年の社会教育、職業訓練などの事業については、基幹になるボランタリーセクターが総体的な予算を確保し、その具体的な執行については、福祉、環境、まちづくり、青少年教育、非行防止、国際協力などの多種多様なボランタリーセクターが、それぞれ得意分野において分割対応し、効率的で実効性の高い実施体制を構築しています。

さらに、この他にも移民対策や地域福祉対策などに対しても、ボランタリーネットワークを活用した協働の仕組みが多用されています。英国グラウンドワーク連合体と五〇の地域トラストとの「ネットワークの力・関わり」によって、国家的な大規模事業を国や地方自治体に代替して執行・実施できる体制が確立されていることに驚きました。

そこで、日本におけるグラウンドワークの現状と比較した場合、グラウンドワーク三島や各地域のグラウンドワーク実践団体、そして、基幹となる日本グラウンドワーク協会は、今後、どのような取り組み姿勢で発展的な方向に誘導していくのかを考察してみたいと思います。

また、グラウンドワーク三島は、約一九年間にわたり、日本におけるグラウンドワークの先駆けとして、多様な活動を展開し、多くの実績と具体的な成果を残してきました。しかし、今後、より発展的な組織と活動を考えた時、どのような役割を担うとともに全国各地の団体とどのような関わり方を構築していったらよいのでしょうか。

まず、日本グラウンドワーク協会については、今後の日本社会を想定して、「グラウンドワークはどのような役割が担え、そのことによってどのような社会的な効果が生まれ、何が変革されていくのか」という、明確な「日本再生へのグラウンドワーク・アクションプラン」を策定しなくてはなりません。このなかでのグラウンドワークは、「パートナーシップ・企業との協働・地域コミュニティの再生・生活者へのアプローチ・NPOとのネットワーク」など、他のNPO活動と比べて優位性と相違点の明確化が求められます。

このアクションプランに基づき、農林水産省、環境省、国土交通省、文部科学省、厚生労働省などの分野ごとに、「グラウンドワークとしてどんな事業に対応できるのか、他の活動と何が違い、どんな効果をもたらすのか」について、具体的で分かりやすい事業計画を策定・提案して、国機関の支援と理解者の拡大を図らなくてはなりません。現在、あまりにも農林水産省への依存体質が強すぎて、グラウンドワーク本来の多様な社会問題を解決する能力の高さを十分に実証・発揮できていません。

また、与野党を超越して、NPOに関心と理解のある国会議員に対して、グラウンドワークの特性と役割、効果を説明し、グラウンドワークを活用・導入した省庁別の新規事業の策定を要請する「ロビー活動」を積極的に展開する必要があります。本部で動きづらければ、各地域のグラウンドワーク実践団体のリーダーを動員して、地方出身の国会議員に対して要請を強化すればよいと思います。

この要望力を強固にするためには、グラウンドワーク三島が呼び掛け人代表になり、各地域のグラウンドワーク実践団体が結集した、「グラウンドワーク活動団体全国ネットワーク会議（仮称）」を設立して、東京で総会やシンポジウムを開き、ここに国会議員を招聘し、新規事業の提案や法律の整備、効果の評価などの意見交換を行うという方法もあります。

さらに、大企業に対しても、グラウンドワークへの支援と協力を積極的に要請していきます。単純に資金的な支援を求めるのは難しいので、地球温暖化対策やCO_2削減、環境保全対策などについて、各企業の特性を踏まえた、斬新な事業計画を個々に立案し、会社別に「プレゼンテーション」していく必要があります。英国の場合も、各事業の特性に合致した企業を選別し、その企業の社会貢献意識や実績などを、総合的に分析・評価して、的確な提案を実施しています。

日本グラウンドワーク協会も、企業対応の専門職員を置き、外資系の会社を含めて、各会社のCSR活動の実績などを調査・分析し、また、各社の社是や理念がグラウンドワークの理念と適合性や関連性がどの程度あるのかなどについて、いくつかの企業を選別し徹底的に情報分析する必要があります。グラウンドワークの強みは、「企業との連携」であり、英国においても、この領域優位性により、国や助成団体から高い評価を得ています。行政や政治では、特定の企業と関わり、その社会的な貢献力を、「社会に還元」させる仕組みを持っていません。この調整力がグラウンドワークの最大の「売り」です。

しかし、いまの日本グラウンドワーク協会では、この企業へのアプローチがあまりにも脆弱で不足しています。協会外部の専門家や企業とのネットワークを持っている人材をもっと活用すべきであり、外部人材の活用も不十分です。グラウンドワーク三島の場合、理事は六人と少ないですが、スタッフは一三〇人以上を数え、インストラクターやシニアボランティアは二四〇人近くもおり、彼らの多様な支援が活動の基盤になっています。また、生態系や設計・造園などの専門家は、二〇人以上もおり、自然観察会や各事業でのアドバイスを受けています。人材の多様性が組織と活動の多様性を醸成し、質の高い、発展的な活動を担保します。

グラウンドワークの特性を活かした斬新で先進的な事業計画をどのくらい策定・提案できるかが、まずは大切なことです。この事業計画が全国的なものであれば、日本グラウンドワーク協会マターであり、地域別の活動領域であれば、各地域のグラウンドワーク実践団体マターです。グラウンドワーク三島としても、多様な新規事業をいまから先陣役として積極的に思考しようと考えています。

特に、各地域のグラウンドワーク実践団体と連携した全国規模の活動を提案していきたいと考えています。「大学生一〇〇万人ボランティア参加運動」、「全国一斉河川清掃運動の展開」など、いろいろなアイデアはあります。また、英国やアジア各国との交流にも取り組んでいきたいと考えており、その「夢」は果てしないと思います。この夏の間に何種類もの企画書を作成し、英国グラウンドワーク連合体との協働事業の実施も含めて、実現に向けた動きを加速しようと意気込んでいます。

グラウンドワーク三島としては、地域での具体的な活動をより充実したものにしていくとともに、グラウンドワークが内包する多様な可能性や社会的な役割を、具体的な実績と成果を通して、全国に発信していきたいと考えています。

九　アメリカのＮＰＯ

アメリカのシアトル視察研修の際にＮＰＯの運営実態を調査するため、五つのＮＰＯ団体を訪問しました。どのＮＰＯもスタッフが自分の仕事に自信と誇りを持ち、生き生きとした顔つきで説明してくれました。確かに、アメリカのＮＰＯは、組織的・資金的・人材的・社会意識的にも日本と比較すると先進的で、充実度は格段の差があると思いますが、そこで働いているスタッフの意識は、ボランティア精神にあふれています。また、「新しき国づくり・仕組みづくりに挑戦しているのだ、私たちの考え方や自主的な行動がアメリカの環境保全を支えているのだ」というプライドと献身的な思いを感じました。

特に、驚いたのは給与や待遇です。会の収入が何十億円もあり、会員数も何十万人もいる巨大ＮＰＯなのに、そこで働くスタッフの給与は、同年代や同資格者と比較して半分か三分の一程度と聞きました。さらに、土・日曜日での出勤は日常茶飯事で、有給休暇も十分に取れないとのこと。組織体制や意志決定過程が整備されているのに、組織を下支えしている職員の給与と待遇が、劣悪・不十分であることに驚きました。

しかし、彼らは、この事実にあまり頓着していないようでした。多くのボランティア（市民・学生・高齢者・企業人など）が、各種の活動に無償で参加してくれているのに、自分たちが世間並みの待遇を受けるのはいかがなものか、と考えているのです。この姿勢と考え方は、支援者に対して説得力があり、さまざまな無理をお願いするには、必要不可欠な前提条件なのだと思います。彼らは、仕事を通しての苦労や金銭的な不足分を、やり甲斐や精神的な充実感・達成感などで充当し補っているのです。

ワシントン環境評議会のスタッフや支援者は、ほとんどが弁護士の資格保有者となっています。特に、全国にいるボランティアスタッフ三〇〇〇人はすべて弁護士であり、スタッフになるための最低条件は、年間一二〇〇時間以上の無償奉仕をすることなのです。それでも多くの支援者がいると聞いて、「アメリカの市民力の底力」を実感しました。

ＮＰＯは、行政や企業では対応できない新たな社会サービスの提供者と表現されます。自分たちは社会システムを自立的に改革・改善・発展させていくために、市民や企業などを教育し先導していく「脇役・情報提供者」であるとの意識が、彼らの思考の原点に明確に位置づけられているのでしょう。彼らとの会話のなかでは、言葉の初めに「私たちが」が必ずつきます。そこには、「行政や企業などからの資金的支援を受けて」や「誰々に頼って」との他人依存の消極的な言葉はまったく聞かれませんでした。

ＮＰＯの創意工夫と自己責任、そして、課題解決に向けての専門的・組織的・戦略的な行動、どれをとっても常に「自立性・主体性」に満ちあふれています。「自分たちが社会を変えていく、経済優先の環境破壊を防止していく」との強い意志と行動が、アメリカのＮＰＯの「理念・精神的バックボーン」だと感じました。

資金確保の面で何百もの財団に助成金の申請を行い、全国各地の財団指導者へのプレゼンテーションを企画し、ボランティアを動員して電話勧誘や戸別訪問で会費集めを行っているそうです。政策実現ではパンフレットを創り最新の情報提供や問題提起を行う、ロビー活動を展開して政治家との連携により法律や政策を変える、ＮＰＯとのネットワークにより社会運動を先導・展開しています。人材養成では、スタッフがスタッフを教育するシステムをつくったり、専門家とのネットワークを構築したり、活動実践マニュアルを年度別に作成したり、研修制度を設けるなどの仕組みができあがっています。

理事会の機能も見事です。理事会は年間四回以上開催され、各理事には具体的な成果が求められるとともに、年間三〇〇ドルから五〇〇〇ドルもの資金提供が義務づけられているのです。理事は名誉職ではなく、実質的なＮＰＯ組織・会社の経営者、意志決定者なので、その責任は大変重く、金銭的負担などのリスクも発生するわけです。しかし、理事会の議論は活発で、事務局の問題提起に対して具体的なアドバイスを行い、組織体制の強化について真剣な意見交換が行われると聞きました。

十　ＮＰＯの発展に向けて

私が市民運動を続けてきて一番難しいと考えているのは、利害関係者同士のパートナーシップの形成です。まちづくりの成否は、関係者による合意が円滑に進んでいるかどうかにかかっています。一般的に市民・ＮＰＯ・行政・企業の関係は希薄です。そのために、複雑な要因が絡み合った地域問題には、臨機応変な対応ができなくなってしまいます。お互いの得意技を上手に出し合う、パートナーシップの仕組みができあがっていないのです。

それでは、複雑に絡んだ問題の糸をほどき、利害関係者の合意形成を誰が調整すればよいのでしょう。この課題に方向性を示したのが「グラウンドワーク三島」です。グラウンドワーク三島では、さまざまな職種のボランティアが集まって得意技を発揮しています。効率的な課題解決に向けて「地域情報の収集・整理・分析・評価」を行い、解決のための方向性を見出しているのです。

地域に居住するスタッフが、プロジェクトリーダーやメンバーとなり「戦略・アクションプラン」を立案します。この過程でスタッフ間で徹底的な議論を行い、活動内容と戦術を整えていきます。

関係者との議論と問題提起によりさまざまなアイデアや創意工夫が生まれ、さらに仲間意識が醸成されます。この信頼のネットワークがＮＰＯ組織の基盤を強化し、組織の持続力と発展性を助長するのです。

グラウンドワーク三島では、当初八つだった参加団体がいまでは二〇団体になりました。事業は、ドブ化した川の再生、絶滅した三島梅花藻の復活、住民参加の川づくり、学校ビオトープの建設、休耕田の環境教育園化、井戸・水神さん・お不動さんの再生、荒れ地のミニ公園化など三〇にも及びます。また、各行事の参加者数は延べ四万人となり、一一万人都市・三島市民の四割近くが、グラウンドワーク活動に参加していることになります。

「小さなこともできない奴は、大きなことはできない」、「右手にスコップ・左手に缶ビール」、「議論よりアクション」が活動のモットーです。難しい議論よりも地域に起きている小さな課題に対して真摯に向かい合い、「小さな成果・実績」を残していくのです。

ところで、この考えを後押しする「自然再生推進法」が国会において、超党派の議員立法によって提出され二〇〇二年に制定されたことをご存じですか。この法律の内容については、ひところ盛んに新聞で報じられました。

この自然再生推進法とは一体どのような法律なのでしょう。過去に損なわれた自然環境を、地域住民、ボランティア団体、NPO、専門家など多様な主体の参加を得て取り戻すこと、と定義しています。河川、湿原、干潟《ひがた》、里山、里地、森林などの自然環境の保全、再生や創出をめざすとしています。再生の仕組みは、まず、環境大臣が国土交通相や農水相と共同で「自然再生基本指針」を作成することから始まります。

これに基づき、自然再生が必要な地域ごとに、実施者、地域住民、NPO、専門家、土地の所有者、地方公共団体、関係行政機関などによって構成された「自然再生協議会」が、まずは自然再生区域の範囲を設定し「干潟を一〇〇ヘクタール増やす」など、再生の目標や実施する事業を明示した基本構想を策定します。

さらに、構想に基づき国土交通省や農水省、地方自治体、委託を受けたNPOなど実際に再生事業を行う主体者が、自然再生協議会との協議を経て「自然再生事業実施計画」を策定します。

環境相ら主務大臣や都道府県知事は、この計画に対して助言できるとしています。このなかで、「画期的で特筆すべき事項」をあげてみます。

まずは、「地域住民、ボランティア団体、ＮＰＯ、専門家など多様な主体の自主的かつ積極的な参加を得て、実施されなければならない」としたことです。行政主導ではなく、地域総参加の姿勢が明示されており、受益者の意見や要望が公共事業として、具体的な形に具現化する道筋ができたといえます。地域特性や歴史性に合致したものづくりが始まるのです。

富士山が世界遺産に登録できる条件として「管理主体の一元化」と「行政とＮＰＯとの協働関係の構築」が求められています。自然公園法、文化財保護法など縦割りの法律でがんじがらめの富士山にとって、たとえば、総合管理の一環として富士山クラブがその調整役を担い、「富士山自然再生総合プラン」を立案し、「富士山自然再生基本指針」として関係者の利害調整を行う。さらに、多様な情報を集約して、利害関係者の合意を得た、中庸なる「富士山自然再生実施計画」を策定する。まさに、富士山クラブの考えていることと見事に合致した法律といえるでしょう。

次に、「自然環境の保全に係る自然環境学習の重要性にかんがみ、再生された自然の維持管理に当たっては、自然環境学習の場としての活用に配慮しなければならない」としたことです。私が別に関わっている富士山エコネットでは、八年前から富士山を自然環境学習の拠点にすべく、「エコツアー」を進めてきました。現在までに延べ約十万人の子どもたちを富士山の環境の現場に案内し、その神秘性や生物の多様性、環境悪化の現実などの環境情報を提供しています。富士山周辺は、自然科学、歴史学的にも貴重な教材といえ、日本の環境問題が凝縮し「環境の光と影」が蓄積された、「自然環境学習の総合展示場」といえるものです。

富士山クラブの森づくり、ゴミマップづくり、バイオトイレ設置など富士山の再生活動のプロセスを、子どもたちへの生きた教材として活用することは、大いなる自然再生事業ではないかと考えています。専門的な知識を有するエコツアーインストラクターを多く抱える富士山クラブでは、本法律の成立に合わせて、自然環境学習の現場・教材として、富士山の活用を訴えていきます。

次に、「NPOが国の事業に立案段階から参加することを明示した法律である」ことです。

私は、富士山の最新の環境情報や経済・社会情報などを総合的に収集できるのは、NPOしかないのではないかと考えています。計画立案の段階においては、いかにホットな情報を検討の材料にできるかが大切であり、総合的で包括的な情報も必要です。「行政とNPOの機能と特性の相互補完」により、質の高い、的確な行政施策の立案が可能となるのです。これまでは、行政の一方的な考え方が優先され、ＮＰＯはお客様的な扱いで、「まあ意見を聞いておこう、後でうるさいから取りあえず意見を言わせる場をつくろう、聞いたふりをしておけば踏み絵になるから」などといったところが、本音だったのではないでしょうか。

効率的で現場に適応した施策は、さまざまなセクターの意思と考え方、情報の蓄積・融合により、生まれてくるものです。時間をかけた真摯な議論が、ものづくりのプロセスに求められており、まさに、今回の法律は、その先駆けと評価できるものです。ＮＰＯの特性は、「自由度、創造性、行動力、斬新性、先駆性」など多種多様です。その要素を取り込んだ、「行政とＮＰＯとの新たなる有機的な融合関係」は、富士山の環境再生への早道です。国は、ＮＰＯの存在と役割について、大いに評価すべきです。

次に、「ＮＰＯが自然再生事業の受託者になり得る」ことも特筆すべきです。自分たちが事業を立案し、その事業の実現も担う。まさに、「ＮＰＯの自己責任の世界」です。自分がこうしたいと思うことを、自分たちの度量と創意工夫で実現化していく。ますます、ＮＰＯ自体の組織基盤の強化と組織運営のマネジメントが求められる時代になってきているのです。

富士山クラブの環境バイオトイレこそ、自然再生事業を実施しているといえます。「資金的な負担、事業を実施できる組織力、運営していく専門性、事業の社会的波及効果」など総合的に分析・評価しても、行政の事業実施と比較し、その潜在力と発展性には限りないものがあると思います。

富士山の自然再生実現のためには、行政機関はＮＰＯへの積極的な事業委託を検討すべきです。富士山頂のバイオトイレへの対応、環境省の公衆トイレの改修計画、富士山クラブの経験と専門性を評価してもらい、事業委託ができないものなのか、今後、積極的にアプローチしていく予定です。

自然再生推進法のなかで、危惧する問題が起こっています。「自然再生協議会の運営・調整を誰が進めるか」です。利害関係者が入った全体組織の意見集約は大変難しいものです。専門性・中立性・総合性をもったＮＰＯの評価と組織運営への支援が、ぜひとも必要とされています。

私が関わっている「グラウンドワーク・トラスト」は、この調整役を国が評価し、グラウンドワーク事業団に各種運営を事業委託し、組織の人件費を国が支援するものです。日本においても、自然再生推進法の設立に合わせ「中間支援型ＮＰＯへの資金的な支援」が不可欠な要件です。今後、超党派の国会議員への問題提起・提言を活発に推進したいと意気込んでいます。

十一　政権交代とグラウンドワークの役割

二〇〇九年八月三〇日の衆議院選挙によって、政権交代が実現しましたが、はたして、民主党が現実的に自民党とは違う、大胆な政治改革や社会改革を断行することができるのでしょうか。しかし、その基本的な理念を分析すると、「脱官僚、脱霞ヶ関、地方分権の実現、小さな政府の樹立」など、変革への多大な可能性が含まれています。

英国で始まったグラウンドワークは、草の根による市民改革を、政府が後押ししてできあがった、新たなる地域再生の社会システムであり、この民主党の理念に沿ったものといえます。英国の優秀性と先駆性は、生活者の目線に近いＮＰＯ（ボランタリーセクター）を、地域主権実現のための原動力として先導役に位置づけたことにあります。

どんなに立派で理想的な方向性や事業計画を打ち出したとしても、実現のためのさらなる具体的な手法をどのように創り上げ、地域性を踏まえた、実効性のある施策として執行できるかが、最終的には肝要であり、その具現化への仕組みづくりが重要視されます。

英国では、当時、二〇万団体近くあったＮＰＯ（ボランタリーセクター）に対して、政府が直接的な支援を行う制度設計（人件費などの直接支援、提案型委託事業の配分、信用保証など）を進め、脆弱な福祉や環境、社会教育、人権団体などの団体の組織と人的な拡大・強化を図りました。

当然、政府は、天下り団体の解体や解散、行政組織のリストラ、民間団体へのアウトソーシングなどを徹底的に実践して、公費の節減を図りました。この減額分が、ＮＰＯや民間企業に還流され、新たなる職域開発による若者や女性、高齢者などの雇用機会の創出と増加を生み出し、さらには、生活者へのきめの細かいサービスもあわせて胎動しはじめました。

ＮＰＯの発想と行動力は、本当にユニークで現実的です。たとえば、閉鎖された学校の利活用の事例ですが、高齢者向けのデイサービスセンターや新規就業訓練センター、障害者雇用センター、高齢者と子どもたちとの交流センターの開設など、各地域の実情に合わせた、新たな社会的役割を果たし、いままでの行政や企業では対応できなかった、多様な住民目線の「隙間的サービス」を確実に提供しています。

一方、日本においては、このような現場主義的な住民目線の対策や弱者対応が、従来までの霞ヶ関主導システムによっては、現実的に事業化することなど到底不可能なことです。グラウンドワークが従前より主張しているように、「地域のことは地域の判断と行動により、住民のことは住民の判断と行動により」の正当性と効率性が、一九八一年の保守党のサッチャー政権誕生以来、労働党のブレア政権を含めて三〇年近くも、二大政党の枠組みを超越して、見事に継承・発展している先例が英国には存在しています。

いまこそ、民主党は、民間主導によるパートナーシップ型の新たな社会システムを構築した、英国のグラウンドワーク活動の理念と仕組みを学び、実効性の高い、具体的な「地方分権・住民主権・住民参加」の日本型社会システムを創り上げるべきです。

政権交代後に、行政がいま以上にスリム化し、効率的な組織を創り上げたとしても、国民に対するサービスが減少することはありえません。かえって、複雑化し、手間のかかる非効率な公益的サービスが要求されます。政治体制が変化しても、国民の要求内容は肥大化し、ますます行政の能力や機能を超え、無限に成長していきます。

政権交代への多大な夢と期待は、国民の甘えと依存を助長し、自立心や主体性の考え方を脆《ぜい》弱《じゃく》化させ、与党としての民主党への陳情活動の激化や利権構造を生み、中央集権的な官僚機構の再生と復活を促す危険性をはらんでいます。財政や制度の縮小と削減は、それに代わる画期的な新たな社会システムと担い手になる組織と人材を育成し、初めて成り立つものだと考えています。いくら先進的・革新的な制度設計を試みても、「誰が、どのような手法で、地方のなかでさまざまな困難と戦い現実化していくのか」、そこのところが現実的な変革へのポイントだと思います。

英国の国家的なリーダーの先見性は、この現実的な戦いの担い手に、NPOを明確に指名し、機能させたことにあります。ひるがえって日本的行政手法の欠点は、優れた制度設計を策定・実施しても、具現化するための仕組みづくりと担い手の育成が、見逃されている点にあります。

私が、二〇年近くにわたって関わっている、グラウンドワーク三島の活動様式や手法を総合的に分析・評価してみると、行政の能力と特性、役割をはるかに超越した、利害関係者間の「調整・仲介役」としての役割を大いに発揮し、多くの実績と成果を残していることがわかります。

今後は、中間支援型のNPOが、行政の劣化と萎縮を補い、新たな社会的・公益的サービスの提供者としての社会的役割を果たすことによって、福祉、医療、環境保全、防災、防犯、国際協力・交流、人権問題などの分野において、いま以上に目覚しい活躍を示すことが期待されます。

民主党政権に対しても、今後、さまざまな関係者を通して、グラウンドワークの有益性と有効性を理解してもらうべく、アプローチを強化していきます。グラウンドワークの活動現場は、納税者・国民・市民・住民が住む地域であり、活動の主体者も市民・住民が中心です。グラウンドワークこそが、新たな政権がめざす、生活者重視、国民主権への意識変換を推進するものと考えています。

グラウンドワーク三島が現在までに実施してきた、ドブ川から清流への水辺再生活動、住民参加の公園づくり、学校ビオトープの建設、松毛川ふるさとの森づくり、環境出前講座・自然観察会の連続開催、歴史的なお祭りや井戸の復活、絶滅種の再生、環境コミュニティ・ビジネスの展開など、多種多様な市民活動の実績と成果が、「小さな政府」構築への明確な「処方箋と解決策」を示唆していると思います。

あとがき

富士山に中学二年生のとき初めて登って以来、現在までに、五八回も登っています。いや、立場と役割上、登らざるをえなかったとするのが正直なところです。五合目から八合目までは、いつでも順調に登るのですが、頂上までのわずかな距離は、高山病の苦しさとともに、辛く、苦しい時間を体験することになります。いつも「なぜ、こんな馬鹿げたことに取り組んでいるのか、こんなことが何に役立つのか、なぜ私がやらなければならないのか、本当に正しいことをしているのか」など、迷いと不安の気持ちが頭をよぎり、ますます山頂への足取りが重くなるのを何十回も経験しています。

しかし、山頂に到着した後の達成感は、自分だけの至極の喜びであり、特に現場においてのバイオトイレに関わる具体的な改善活動や環境保全活動、今後への仕掛けや段取り、利害関係者との調整ごと、登山者への啓発活動などを処理・対応し問題を解決するなかで、いままでの苦しみの意識は、見事に消滅していき、逆に、大いなる充実感を感じます。

この麻薬的な満足感が、さらなる活動への挑戦力の源泉といえ、富士山の山頂で見た満天の星空と冷気が、持続的な元気と先進的な創造力の起爆剤だとも考えています。飽くなき挑戦力は、壮大な自然環境と雰囲気のなかで養われ、醸成されてきたものです。

故郷・三島の環境再生活動から始まった、グラウンドワーク三島の地域協働の仕組みによる活動モデルは、多様な活動成果を蓄積して、いま、全国モデルとしても高い評価を受けています。また、富士山の環境再生を目的として始めた、富士山クラブでの全国的な環境保全活動も、バイオトイレの導入によるし尿問題の解決やゴミ放棄の減少など、実効性の高い成果を残しています。

NPO活動は、個人の思いつきや情熱だけでは、その目的や理念を実現することはできません。多様な人々との人的なネットワークや信頼関係が必要とされ、私も多くの支援者や協力者、仲間に支えられて、さまざまな困難や難局を乗り越えられてきたと感じています。

今後、行政や政治がますます脆弱化していくと予測されるなかで、NPOの潜在的な創造力と斬新な問題解決力は、富士山や地域においても、いや、地球的規模の環境問題や社会問題においても、大いなる先導性を発揮すると思います。

そんな期待や予感に導かれて、この本では、私がこの二〇年の間に経験知として体系化、普遍化してきた多くの知識やアイデア、課題解決の処方箋などを提示しました。

「ＮＰＯの力で富士山や地域の環境を再生したい、国内外の世界遺産のことを知りたい、地域を元気にしたい、ＮＰＯ組織を持続的に運営したい、多様な利害関係者を調整したい、さらなる自分の可能性や社会的な役割をＮＰＯや地域のなかで見つけたい」などと考えている方々の参考になればと思います。

最後に、本書の出版を引き受けてくださった春風社に深く感謝申し上げます。

二〇一〇年六月二〇日

渡辺豊博

渡辺　豊博（わたなべ　とよひろ）

都留文科大学文学部社会学科教授。

1950年生まれ。東京農工大学農学部農業生産工学科卒業。

1973年、静岡県庁に入り、農業基盤整備事業の計画実施に携わる。

市民・NPO・行政・企業がパートナーシップを組むグラウンドワーク（環境改善活動）を日本で最初に、故郷・三島市で始める。

現在、三島ゆうすい会、NPO法人富士山クラブ、NPO法人グラウンドワーク三島ほか、計九市民団体の事務局長を務める。

著書：『清流の街がよみがえった　地域力を結集——グラウンドワーク三島の挑戦』（中央法規、2005年）、『英国発グラウンドワーク——新しい「公共」を実現するために』（春風社、2010年）、『三島のジャンボさん——ミスター・グラウンドワーク』（春風社、2010年）。

富士山学への招待
——NPOが富士山と地域を救う

二〇一〇年三月三一日　第一版第一刷発行
二〇一〇年八月二〇日　第二版第一刷発行

著者　渡辺豊博
発行者　三浦衛
発行所　春風社
横浜市西区紅葉ヶ丘五三　横浜市教育会館三階
電話　〇四五・二六一・三一六八
FAX　〇四五・二六一・三一六九
http://www.shumpu.com
info@shumpu.com
振替　〇〇二〇〇－一－三七五二四

装画・装丁　矢萩多聞
印刷・製本　シナノ書籍印刷株式会社

ISBN 978-4-86110-229-5 C0036 ¥1500E